Horst Hiller

Die Evolution des Universums

Sein Ursprung, seine Entwicklung, seine Zukunft

WILHELM HEYNE VERLAG
MÜNCHEN

HEYNE SACHBUCH
Nr. 19/166

Ungekürzte Taschenbuchausgabe
im Wilhelm Heyne Verlag GmbH & Co. KG, München
Copyright © 1989 by Umschau Verlag Breidenstein GmbH, Frankfurt am Main
Printed in Germany 1991
Umschlagfoto: Silvestris Fotoservice, Kastl/Obb.
Umschlaggestaltung: Atelier Adolf Bachmann, Reischach
Satz: Satz & Repro Grieb, München
Druck und Verarbeitung: RMO, München

ISBN 3-453-05113-0

INHALT

Einleitung 7

KAPITEL 1 Auf dem Wege zur Wissenschaft
11

Kosmos und Kosmologie 11
Der unendliche Kosmos 15

KAPITEL 2 Die neue Kosmologie
20

Relativität und Kosmos 20
Das expandierende Weltall 27
Der Anfang der Welt 35

KAPITEL 3 Die Struktur des Weltalls
41

Das Milchstraßensystem 41
Wellen aus dem All 50
Galaxien 55
Galaxienhaufen 67

KAPITEL 4 Dramatik im Weltall
73

Novae und Supernovae 73
Pulsare 82
Explodierende Galaxien 88
Das Rätsel der Quasare 96
Die aktiven Kerne der Galaxien 103

KAPITEL 5 Die endliche Welt
108

Die Geschichtlichkeit des Universums 108
Die 3 K-Strahlung und der heiße Urkosmos 114

KAPITEL 6 Die Evolution des frühen Universums
121

Materie	121
Der Urknall	127
Die GUTs	135
Der Punkt Null	142

KAPITEL 7 Die Zukunft
150

Die verzögerte Expansion	150
Die fehlende Masse	154
Das offene Universum	160
Das geschlossene Universum	164

KAPITEL 8 Die neue Teleologie
170

Das unwahrscheinliche Universum	170
Das Anthropische Prinzip	176
Das inflationäre Universum	180

KAPITEL 9 Das Leben
186

Planetensysteme	186
Leben auf den Planeten	189
Intelligenzen im Kosmos	192
Die Meinung der anderen	198
Kosmos, Zufall und Evolution	203
Kosmologie als Hypothese und Theorie	212

Anhang

Das Olbers'sche Paradoxon	216
Glossar	218
Quellen- und Literaturverzeichnis	227
Bildquellen	231
Namen- und Sachregister	233

EINLEITUNG

Die Kosmologie, die Naturwissenschaft von der Welt als Ganzem, hat in den letzten Jahrzehnten eine Entwicklung durchgemacht, wie sie in der Geschichte der Wissenschaft ohne Beispiel ist. Zweieinhalb Jahrtausende waren Fragen nach Ursprung, Entwicklung und Ziel des Universums allein Denkobjekte der Philosophen, und obwohl die Physik gerade im 19. Jahrhundert bedeutende Fortschritte erzielt hatte, konnte sie zur Kosmologie keinen Beitrag leisten. Zwar lieferten die beobachtende Astronomie und die Anwendung neuer physikalischer Meßmethoden – etwa die so fruchtbare Spektralanalyse – viele Einzelheiten über die Physik der Sterne, aber dieses Wissen reichte nicht aus, um wissenschaftlich begründete Vorstellungen vom Weltall zu entwickeln. So war gegen Ende des vorigen Jahrhunderts noch nicht einmal bekannt, ob die vielen beobachteten Nebelflecken nähere Staub- und Gaswolken oder weit entfernte selbständige Sternsysteme sind.

Wenn auch im 19. Jahrhundert bereits Arbeiten erschienen waren, die sich wissenschaftlich mit diesem Weltall beschäftigten, so waren das Beiträge, die lediglich feststellten, daß für die Welt nach vorliegenden Kenntnissen gewisse Modelle ausgeschlossen werden mußten; zu positiven Entwicklungen vermochten diese Überlegungen nicht zu führen. Die Naturwissenschaft war noch nicht soweit, weder theoretisch noch beobachtungstechnisch.

Das sollte sich in unserem Jahrhundert durch die Allgemeine Relativitätstheorie, durch entscheidende Entdeckungen im Kosmos und in jüngster Zeit durch Fortschritte in der Physik der Elementarteilchen ändern. Durch die Zusammenarbeit von Astronomie und verschiedenen Disziplinen der Physik gelang es, eine wissenschaftlich begründete Kosmologie zu schaffen.

In der Kosmologie kann nicht experimentiert werden, wie es in der irdischen Physik unerläßlich ist. Es kann nur beobachtet und gemessen werden, denn die Objekte der Kosmologie sind

Sternsysteme von ungeheurem Ausmaß. Hier geht es um Zeiten und Entfernungen, die weit jenseits der menschlichen Erfahrung und Vorstellungskraft liegen. Allerdings können wir die auf der Erde im Experiment gewonnenen Erkenntnisse auf das Weltall und seine Entwicklung übertragen. Daher hat beispielsweise die Hochenergiephysik ganz wesentliche Erkenntnisse auch für die Kosmologie, insbesondere für die ganz frühe Phase der Entwicklung gebracht.

Es scheint manchmal, als wollten die Physiker aus einer Momentaufnahme den ganzen zeitlichen Ablauf des Universums vom Anfang bis in eine sehr ferne Zukunft zeichnen. Aber so ist das nicht richtig. Wenn wir mit unseren Teleskopen weit in das All hinausblicken und das Licht der fernen und fernsten Sternsysteme analysieren, sehen wir wegen der endlichen Ausbreitungsgeschwindigkeit des Lichtes um so weiter in die Vergangenheit hinein, je entfernter die beobachteten Sternsysteme sind. Wir können also in die Vergangenheit sehen, und die Astrophysiker nutzen die dabei gewonnenen Erkenntnisse, wenn sie den zeitlichen Ablauf des Universums zu zeichnen versuchen. Allerdings, und das soll nicht verschwiegen werden, sie können zwar die Galaxien mit ihrer oft aufregenden Physik in der Vergangenheit beobachten, sie wissen das Beobachtete aber nicht immer richtig zu deuten. Zumindest bleiben Zweifel an der Richtigkeit ihrer Deutungen.

Die Physiker analysieren heute nicht mehr nur das sichtbare Licht und die benachbarten Wellenbereiche, sie holen sich Informationen ebenso aus den Radiowellen, den Röntgen- und Gammastrahlen, die uns von den Objekten des Weltalls erreichen. Das Universum ist weit aktiver, als die Astronomen noch vor fünfzig Jahren glaubten. An den rätselhaften Quasaren wird das besonders deutlich. Neutronensterne, explodierende Sternsysteme und die 3 K-Strahlung sind weitere wichtige Entdeckungen der letzten Jahrzehnte.

Wir können in der Zukunft mit weiteren entscheidenden Fortschritten rechnen, so daß wesentliche Korrekturen oder gar dramatische Veränderungen des heutigen Bildes von der Entwicklung des Universums nicht auszuschließen sind. Bisher nicht vermutete großräumige Strukturen bei der Anordnung von Galaxienhaufen mit Ausdehnungen von Hunderten Millionen Lichtjahren wurden erst in jüngster Zeit entdeckt. Hier steht eine gewaltige Aufgabe vor den Astronomen, denn erst wenige Prozent des überschaubaren Universums wurden bisher durchmustert. Und über die dunkle Materie, die in erheblichen Mengen im Kosmos vermutet wird, wissen die Astronomen fast nichts.

Gerade die stürmischen Fortschritte der Kosmologie haben der Astrophysik zu einer zentralen Stellung in den modernen Naturwissenschaften verholfen, vergleichbar mit der Elementarteilchenphysik und der Mikrobiologie. Was der Kosmologie aber ihre herausragende Stellung innerhalb der Naturwissenschaften verschafft, ist die immerwährende Suche des Menschen nach Erkenntnissen über seine eigene Rolle in dieser Welt. Gerade hier sieht er Möglichkeiten, solche Erkenntnisse zu gewinnen. Die Frage nach Weltschöpfung oder Weltentstehung stellt sich zwangsläufig. Naturwissenschaft, Philosophie und Religion sind in kaum einer anderen Naturwissenschaft so eng miteinander verbunden wie in der Kosmologie. Der Mensch ist zwar in der kosmologischen Betrachtungsweise nur Teil dieses gewaltigen Universums, etwas ganz Bedeutungsloses, etwas vielleicht zufällig Entstandenes, doch vermag dieser Mensch den Kosmos zu erforschen und zu begreifen. Er erkennt seine Gesetze. Dieser Mensch hat während seiner Geschichte schreckliche Irrtümer begangen. Er führte grausame Kriege, verbrannte Hexen, erfand den Rassenwahn und konstruierte etwas so Sinnloses wie die Atombombe. Die geistige Kraft des Menschen schuf aber auch die gotischen Kathedralen, die Göttliche Komödie, Leonardos Abendmahl, Beethovens Neunte und den Faust.

Über die Evolution des Lebens lieferte die Forschung gesichertes Wissen. Entscheidende kosmische Einflüsse dieses Jahrmilliarden währenden Vorgangs deuten sich an. Über jenen Prozeß, der einer Evolution des Lebens auf der Erde vorangehen muß, hat die Naturwissenschaft wohl einiges, durch Experimente gestütztes, dennoch viel weniger gesichertes Wissen erbracht. Die Frage, ob das Leben durch irgendeinen unglaublichen Zufall oder aus einer dem Universum immanenten Gesetzlichkeit heraus entstand, bleibt zentrales Thema. Antworten aus einer metaphysischen Grundhaltung heraus können stets gegeben werden, nach Antworten auf naturwissenschaftlicher Grundlage muß weiter gesucht werden.

Dieses Buch beschreibt die Geburt des Universums, seine Entwicklung und seine mutmaßliche Zukunft. Die allgemeine Astrophysik mußte diesem großen Thema untergeordnet werden; sie konnte daher nur in Auszügen behandelt werden.

Der Autor hat Herrn Professor Gerhard Börner vom Max-Planck-Institut für Physik und Astrophysik in Garching zu danken, der das Manuskript kritisch durchgesehen hat.

KAPITEL 1

AUF DEM WEGE ZUR WISSENSCHAFT

Kosmos und Kosmologie

»Am Anfang schuf Gott den Himmel und die Erde!«

Dieses Bild kann heute nicht mehr befriedigen. Das gilt mehr noch für die Einzelheiten biblischer Weltschöpfung innerhalb eines Zeitraums von sechs Tagen. Doch bedeutsam daran ist die Überzeugung von einer zeitlich und räumlich begrenzten Welt.

Bereits in der Frühzeit wurde nachgedacht über das Werden dieser Welt. Das hat sich bis heute nicht geändert. Der Fragen sind gar viele, aber sie hängen alle miteinander zusammen. Ist das Weltall räumlich endlich oder unendlich? Wenn endlich, was bedeutet dann »Raum« jenseits der Grenze? Überhaupt, was sind »Raum« und »Zeit«? Welche Bedeutung wollen wir jenem »jenseits der Grenze« geben? Existiert mehr als ein Universum? Ist das Weltall von Ewigkeit an da oder entstand es vor endlicher Zeit? Oder wurde es geschaffen? Und wir möchten auch fragen, wo endet die Naturwissenschaft, wo beginnt die Philosophie? Was wissen wir? Was ist Spekulation?

Die Astronomie ist älter als die Physik. Der Zusammenhang der periodischen Veränderungen des Himmels, hervorgerufen durch die Eigenrotation der Erde und ihre Bewegung um die Sonne, wie wir seit Kopernikus wissen, der Wechsel von Tag und Nacht, die Jahreszeiten, diese das Dasein der Menschen bestimmenden Naturerscheinungen waren so unmittelbar, daß sie zu genauer Beobachtung drängten. Andererseits mußten das Wunder des Sternenhimmels und seine überwältigende Schönheit schon die Menschen früher Epochen in ihren Bann ziehen. Diese eindrucksvolle Welt war das Unerreichbare, das Geheimnisvolle, das Göttliche; das Naturschauspiel des Sternenhimmels regte seit Menschengedenken die Phantasie der Beobachter an.

Schon früh wurden Modelle der Welt erdacht. Sie sind

düster und heldisch in den Sagen des kalten Nordens, heiter und vergnüglich bei Hesiod im sonnigen Griechenland, mit sehr menschlichen Göttern und von lockerem Wesen. Aber Hesiods Theogonie ist auch eine Kosmogonie. Die Erde entstand aus dem Chaos, einer gähnenden Leere, als flache Scheibe, die vom Okeanos umflossen wird. Solche Weltmodelle sind literarisch und kulturhistorisch, doch keineswegs naturwissenschaftlich von Bedeutung.

Mit den ionischen Philosophen trat im 6. Jahrhundert v. Chr. eine neue Denkweise auf. Die Vorstellungswelt der Mythen, in denen personale Götter über Welt und Menschen herrschen, wurde ersetzt durch natürliche Kräfte, durch Ursachen und Wirkungen, Stoffe und Substanzen. Stoff und Kosmos waren die ersten Problemkreise, für die die Philosophen des Altertums eine Lösung suchten. Philosophie in ihren Anfängen war Naturphilosophie, d. h. ihr Gegenstand war die Natur und die Bedingungen, unter denen Natur erkannt wird.

Für Thales von Milet war das Wasser der Stoff, aus dem die Welt besteht. Es war ihm Ursprung und Gehalt der Dinge zugleich. Und dieses Urwasser sah er beseelt und belebt; es war ihm voll des Göttlichen. Eine im Stoff selbst enthaltene Kraft sollte die Veränderungen in der Natur bewirken. Bei Heraklit aus Ephesos wiederum sollte das beseelte Feuer das Grundelement sein. In der unruhigen, stets ihre Gestalt wechselnden Flamme sah er das Sinnbild dieser Welt. Sie ist ihm ein ewiges göttliches Feuer, aus dem die Dinge entstehen und in das sie wieder vergehen.

Es ist durchaus bemerkenswert, daß die ionischen Philosophen an ein einheitliches Prinzip für Ursprung und Existenz der Welt glaubten. Schließlich suchen die Physiker unserer Tage ebenfalls nach einheitlichen Gesetzen für die gesamte Welt der nichtlebenden Materie. Sie nennen dieses Ziel »<u>Einheitliche Feldtheorie</u>«. Aber diese begriffliche Einheit der Physik ist vorerst nur ein Programm.

Schon die frühen griechischen Philosophen vor Sokrates bezeichneten die Welt als Kosmos, als Ordnung, und sie versuchten diese Ordnung in der Welt zu erkennen. Thales, Anaximander, Anaximenes, Heraklit, Empedokles, Anaxagoras, Demokrit schufen Modelle, sie spekulierten über Veränderung, Entstehen und Vergehen. Die Welt war endlich oder unendlich, es sollte eine einzige Welt geben oder gar unendlich viele. Sie war beständig oder bildete sich neu in stetem Wechsel. Das Naturwissen jener Männer war begrenzt, der ihnen visuell zugängige Teil des Universums war nur ein ganz kleiner Ausschnitt der wirklichen Welt, und dennoch – der tatkräftige Kaufmann und Philosoph Thales aus Milet und der erste Sachbuchautor des europäischen Kulturkreises Anaximander aus derselben Stadt, der verehrte Pythagoras aus Samos und der hochmütige Heraklit aus Ephesos, der weitgereiste Demokrit aus Abdera und der blaublütige Empedokles aus Akragas, dem heutigen Agrigent, sie alle empfanden den immerwährenden Drang des Menschen nach Erkenntnissen, die über das einfache Naturwissen hinausgehen und die doch letztlich die uralte Frage nach Sinn und Ziel menschlichen Lebens beantworten soll. Sie gaben ihre Antworten auch dann, wenn es gefährlich war.

Da lebte in Athen Anaxagoras, ein geachteter Physiker, der Aspasia kannte, jene zauberhafte Frau, erst Gattin des Staatsmannes Perikles, danach des Viehhändlers Lysikles. Anaxagoras neigte zum Materialismus und behauptete von den Gestirnen, sie wären glühende Steine.

In Athen wurde gerade harter Kurs gefahren; Perikles rettete dem Freunde das Leben, er wurde ob der Gotteslästerung nur des Landes verwiesen.

Es entstanden Weltmodelle, klug ausgedacht, welche die Bewegungen der Gestirne erklären sollten. Da gab es schon in früher Zeit das heliozentrische System des Aristarch, zu unwahrscheinlich, als daß es sich durchsetzen konnte. Der religiös-ethische Bund der Pythagoreer erdachte das System mit dem Zentralfeuer, welches von allen Himmelskörpern, auch der Sonne, umkreist werden sollte. Mit Ptolemäus setzte sich schließlich das aristotelische, das geozentrische Weltsystem durch, welches das Denken bis zum Beginn der Neuzeit allein beherrschte. In der Mitte der Welt ruhte die Erde. Sie sollte umkreist werden von den Gestirnen, und diese Welt war räumlich begrenzt. Das Christentum übernahm die räumliche

Struktur der spätantiken Welt und begrenzte sie auch in der Zeit, denn – siehe oben!

Wir wissen heute so viel mehr über den Aufbau der Welt, und wir können die Überzeugung der Griechen bestätigen: Diese Welt ist ein Kosmos. Sie wird immer und ausschließlich von erkennbaren Gesetzen beherrscht. Wir meinen damit die gesamte Welt. Seit der Zeit der Klassiker der griechischen Philosophie, Platon und Aristoteles, wurde der Kosmos zwar als Ordnung angesehen, die Vorgänge am Himmel und auf der Erde standen aber ausdrücklich in keinem gesetzmäßigen Zusammenhang. Der Himmel sollte das zwar Anschaubare, ansonsten aber Unerreichbare, Göttliche sein. Ihn beherrschten andere Gesetze als die Abläufe auf der Erde. Es war eine Erkenntnis von ungeheurer Tragweite, als durch das von Newton entdeckte Gravitationsgesetz klar wurde, daß es nicht eine Physik der Erde und eine des Himmels gibt, daß vielmehr alle Naturgesetze überall im Universum gelten. Diese Überzeugung von der gesetzmäßigen Einheit der Welt ist seit langem selbstverständliche Erkenntnis geworden.

Wir setzen voraus, daß die Naturgesetze, wie wir sie auf der Erde und im Labor gefunden haben, immer und überall auch im Kosmos wirken, daß unsere Physik also gleichermaßen in den Sternsystemen in Entfernungen von Milliarden Lichtjahren gilt. Mit dieser Annahme ist die Astrophysik bisher sehr erfolgreich gewesen, und sie hat gerade in den letzten Jahrzehnten so stürmische Fortschritte gemacht, daß die Entstehungs- und Entwicklungsgeschichte des Universums nicht mehr nur Spekulation und Philosophie, sondern Naturwissenschaft ist. Wir sind heute in der Lage, ein wenn auch nicht endgültiges, hier und da lückenhaftes, unsicheres, aber immerhin wissenschaftlich begründetes Bild von der Entstehung und Entwicklung des Universums zu zeichnen. Wir sind in der Lage, Aussagen zu machen über den Anfang von Raum, Zeit und Materie und können über die Zukunft des Universums alternative Denkmodelle vortragen.

Ziel der Kosmologie ist es, die Welt als Ganzes zu erforschen, ihre räumliche Struktur und ihre Veränderung in der Zeit. Kosmologische Modelle enthalten nichts mehr von der reichen Mannigfaltigkeit des Kosmos, den zahlreichen und faszinierenden Erscheinungen an den Sternen und Sternsystemen. Der Kosmologie ist ein Begriff untergeordnet, den wir Kosmogonie nennen. Die Kosmogonie ist die Lehre von der Entstehung der Welt. Dieser Begriff tritt also dann auf, wenn die Kosmologie nicht die zeitliche Unendlichkeit behauptet, sondern einen Weltanfang annimmt.

Der unendliche Kosmos

Wie auch auf anderen Gebieten des Geisteslebens erfahren wir für unser Thema aus den Schriften des Mittelalters nur wenig. Aus der Kenntnis menschlichen Wesens heraus können wir aber sicher sein, daß die Fragen nach Weltschöpfung oder Weltentstehung, nach Endlichkeit oder Unendlichkeit des Universums die Philosophen durch die Jahrtausende begleiteten. Mancher Mönch mag in der Einsamkeit seiner Zelle ketzerisch darüber nachgedacht haben. Dann aber, mit Beginn der Neuzeit, hören wir von solchen Überlegungen häufig. Für Kopernikus (1473-1543) endete das Weltall noch an der Fixsternsphäre. Die Grenzen der endlichen Welt bildeten für ihn eine Kugelschale. Über das Wesen der Fixsterne machte er keine Aussage; sie waren irgendwie an die Fixsternsphäre geheftet. Er sah keine Notwendigkeit, über ein »jenseits der Fixsternsphäre« nachzudenken. Kepler (1571-1630) lehnte die unendliche Welt ausdrücklich ab; über die Fixsterne wußte er nichts zu sagen. Sein großer, aber eigenwilliger Zeitgenosse Galilei (1564-1642), der über die Leistungen Keplers stets hochmütig hinwegsah, stellte die Fixsternsphäre ebensowenig in Frage.

Andere waren aber vor ihnen bereits der Überzeugung, das Universum sei unendlich. Nikolaus Cusanus (1401-1464) aus Kues an der Mosel, der gelehrte Bischof von Brixen, war durch bloßes Nachdenken in der philosophischen Art seiner Zeit darauf gekommen. Giordano Bruno (1548-1600), ein ehemaliger Mönch, verkündete, die Fixsterne seien Sonnen wie unsere Sonne. Er schrieb ein Buch »Zwiegespräche vom unendlichen All und den Welten« und endete auf dem Scheiterhaufen.

Durch Kopernikus, Kepler und Galilei war die Erde ihrer

bevorzugten Stellung in der Welt enthoben worden. Newton (1643–1727) schuf die neue Physik, aber er wandte seine Mechanik nicht auf die Bereiche des Himmels außerhalb des Sonnensystems an. Er wollte auch nicht an eine Entstehung des Planetensystems auf der Grundlage mechanischer Gesetze glauben. Hier vermeinte er Gottes Werk zu erkennen. Die Welt war ihm unendlich mit einer gleichmäßigen Verteilung der Sterne.

Kant (1724–1804) verwarf die Bedenken Newtons. Im Jahre 1755 erschien im fast vergessenen Königsberg und dem nicht ganz so unbekannten Leipzig seine »Allgemeine Naturgeschichte und Theorie des Himmels« und wurde wenig beachtet. Kant war erst einunddreißig Jahre alt; er war soeben promoviert und wenige Monate darauf habilitiert worden. Aus dem Hauslehrer wurde ein schlecht bezahlter Privatdozent an der Universität Königsberg. Johann Gottfried Herder besuchte seine Vorlesungen. Damals war noch vieles anders; ordentlicher Professor wurde Kant erst fünfzehn Jahre später, als sein Ruhm schon durch Europa gedrungen war. Friedrich II. von Preußen hatte die Berufung persönlich gutgeheißen. Kant entwickelte nun in seiner Schrift eine Hypothese, wonach sich Planetensysteme durch Kondensation aus einem Urnebel bilden. Das ist Kosmogonie auf der Grundlage der Mechanik. Laplace folgte ihm vierzig Jahre später.

In jener Stadt Königsberg, damals eines der Geisteszentren Europas, sollte Friedrich Wilhelm Bessel 1838 die erste Entfernung eines Fixsterns messen.

Die Überzeugung eines unendlichen Weltalls setzte sich nun schnell durch. Aber schon in der ersten Hälfte des 18. Jahrhunderts brachten der durch den Kometen bekannt gewordene Edmond Halley (1720) und der Schweizer Astronom Jean-Philippe Loys de Cheseaux (1743) erste Bedenken gegen ein unendliches Weltall vor. Sie wurden wenig beachtet. Präzisiert wurden diese Bedenken durch den Bremer Arzt und Amateurastronom Wilhelm Olbers. Dessen Vorliebe galt eigentlich den Kometen und Asteroiden, den zahllosen kleinen und großen Gesteinsbrocken zwischen Mars- und Jupiterbahn. Er besaß beachtliche Kenntnisse in der Himmelsmechanik und hatte als erster eine Kometenbahn berechnet. Jene Arbeit, die ihn für immer in die Geschichte der Kosmologie eingehen ließ, schrieb er 1823 im Alter von achtundsechzig Jahren.

In einem unendlichen Universum erreicht uns das Licht der Sterne aus allen Entfernungen. Denken wir uns den Raum um unseren Standort in Kugelschalen aufgeteilt *(Abb. 1)*. In einem unendlichen Universum lassen sich auch unendlich viele derartige Kugelschalen denken. Jede Schale enthält eine Vielzahl von Sternen, die uns ihr Licht zusenden. Da die Helligkeit mit der Entfernung abnimmt, ist das Licht der Sterne in den entfernten Schalen zwar schwächer, dafür enthalten diese Schalen aber mehr Sterne. Eine einfache Rechnung *(siehe Anhang)* zeigt nun, daß uns von jeder Schale die gleiche Ge-

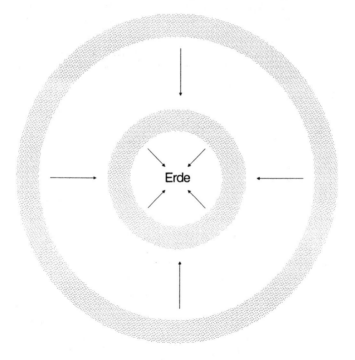

Abb. 1: Das Olbers'sche Paradoxon

samtmenge Licht erreicht. In einem unendlichen Universum mit dann auch unendlich vielen gedachten Kugelschalen addieren sich also feste und stets gleiche Beträge in den gedachten Schalen zwar nicht zu einem unendlichen Wert, da sich die Sterne ja teilweise verdecken, doch müßte die Helligkeit des Himmels so groß wie auf der Oberfläche eines Sterns sein. Der Nachthimmel dürfte also nicht schwarz, er müßte strahlend hell sein. Diese Überlegung wird das Olbers'sche Paradoxon genannt.

Olbers konnte im Gegensatz zu seinen Vorgängern die Aufmerksamkeit der Zeitgenossen gewinnen. Mancher Versuch wurde unternommen, den Widerspruch aufzulösen. Olbers selbst hatte einen solchen Versuch unternommen; er dachte an ein noch unbekanntes Medium, welches einen Teil des Lichtes auf seinem Wege zu uns absorbieren sollte. Aber diese Lösung ist keine Lösung, denn ein solches Medium würde sich in endlicher Zeit aufheizen und dann seinerseits strahlen. Dennoch gibt es Lösungen: Eine dieser Lösungen ist das zeitlich endliche, expandierende Weltall. Doch dies ist Gegenstand der folgenden Kapitel.

Im Jahre 1895 legte der Direktor der Münchner Sternwarte Hugo von Seeliger die Ergebnisse einer bedeutsamen Untersuchung vor. Ein Jahr später kam der Leipziger Mathematiker Carl Neumann zu ähnlichen Schlußfolgerungen. Beide Wissenschaftler konnten theoretisch zeigen, daß ein gleichmäßig mit Sternen besetzter, unendlich großer Raum, in dem das Newtonsche Gravitationsgesetz gilt, gar nicht existieren könnte. Berechnungen zeigen, daß für einen beliebigen Ort in einem solchen Universum ein exakter Wert für die Schwerkraft nicht angegeben werden kann, was der Erfahrung widerspricht, denn Sonne und Erde ziehen sich mit genau bekannter Kraft an, und ein Stein fällt mit einer ganz bestimmten Geschwindigkeit zur Erde – zwei einfache Beispiele für die auf der Grundlage des Gravitationsgesetzes exakt berechenbare Größe der Schwerkraft im Universum. Als Ausweg schlug von Seeliger vor, das Gravitationsgesetz so zu verändern, daß die Anziehungskraft zweier Körper bei größeren Entfernungen stärker als nach der Newtonschen Fassung abnehmen sollte. Diese

Annahme würde die Theoretiker tatsächlich aus ihrer mißlichen Lage befreien.

Dieser Ausweg scheint dennoch nicht der richtige. Immerhin, wie bei Olbers hatten sich die Überlegungen der beiden Wissenschaftler auf das Universum als Ganzes bezogen. Sie hatten gezeigt, daß die Anwendung des sonst so erfolgreichen Gravitationsgesetzes auf einen gleichmäßig mit Materie erfüllten, unendlich ausgedehnten Raum zu keinem befriedigenden Ergebnis führt. Struktur und Dynamik des Universums mußten irgendwie anders sein. Es bietet sich eine Insellösung an, eine endliche Materieanhäufung innerhalb eines unendlichen Raumes. Stellen wir uns einmal vor, unser heimatliches Milchstraßensystem mit seinen vielen Milliarden Sternen wäre das einzige Sternsystem im Universum, und jenseits der Grenzen dieser Materieinsel wäre, bis in die Unendlichkeit reichend, nur der leere Raum. Für dieses gedachte Weltmodell zeigen die Berechnungen auf der Grundlage des Gravitationsgesetzes, daß sich die Materie – die Sterne – mit der Zeit infolge der gegenseitigen Schwereanziehung zusammenballen müßte. Das hätte sogar schon längst geschehen müssen, so daß nur ein dichter Materieklumpen existieren dürfte, was ja nicht der Fall ist.

Bis zum Ende des vorigen Jahrhunderts hatte sich also gezeigt, daß das unendliche Universum Schwierigkeiten bereitet. Die Widersprüche konnten aber zunächst nicht aufgelöst werden, weder durch ein neues Weltmodell noch durch neue Theorien.

Ganz andere Gedanken brachte der Leipziger Physiker Rudolf Clausius (1822–1888) in die kosmologische Diskussion. Sterne geben ungeheure Energiemengen an den Raum ab. Irgendwann sollte daher ihre Energie verbraucht sein; irgendwann sollte das Universum ganz anders aussehen als heute. Es müßte ein totes Universum sein, angefüllt mit Strahlung, zahllosen ausgebrannten Sternen und Resten von Staub und Gas. Das wäre der »Wärmetod« des Universums. Clausius' Überlegungen auf dem Boden der klassischen Physik waren so falsch nicht; nur sehen wir den zeitlichen Verlauf des Kosmos heute viel detaillierter.

KAPITEL 2

DIE NEUE KOSMOLOGIE

Relativität und Kosmos

Im Jahre 1916 hatte Albert Einstein seine Allgemeine Relativitätstheorie veröffentlicht. Da die Theorie Aussagen über den Zusammenhang zwischen der Masse und der Energie einerseits und der Gravitation andererseits macht, lag es nahe, sie auf die Welt als Ganzes anzuwenden, denn die Gravitation, die Schwerkraft, ist die beherrschende Kraft im Kosmos. Alle Körper unterliegen der gegenseitigen Schwereanziehung, die Sonne und die Planeten ebenso wie weit voneinander entfernte Sternsysteme. Einstein versuchte daher sogleich, aus seiner Theorie ein Modell des Kosmos herzuleiten. Zu dieser Zeit war noch nicht entschieden, ob die zahlreichen Nebelflecken eigene Sternsysteme sind. Dieser Nachweis gelang Edwin Hubble erst im Jahre 1924. Einstein nahm nun vereinfachend an, daß der Kosmos im Mittel gleichmäßig mit Materie erfüllt ist – ein dünnes Gas. Als Ergebnis seiner Berechnungen erhielt er einen in sich gekrümmten und geschlossenen, also nichteuklidischen dreidimensionalen Raum, dessen Dichte zu allen Zeiten unveränderlich ist. Dieser gekrümmte Raum ist anschaulich nicht faßbar; wir können uns keine gekrümmten Räume vorstellen. Es ist ein Raum ohne Mittelpunkt und ohne Grenzen, aber mit endlichem Volumen. Er hat einen Radius, der von der Materiedichte abhängt. Für mittlere Dichten, wie sie im Weltraum gemessen wurden, führt das für den Radius auf Werte von einigen Zehnmilliarden Lichtjahren.

Die Unanschaulichkeit sollte von nun an wesentliches Merkmal wissenschaftlicher Kosmologie sein, was für uns kein Hindernis sein kann, diesen endlichen, aber unbegrenzten, in sich geschlossenen Raum als der Wirklichkeit entsprechend hinzunehmen; schließlich mußten wir auch bei der Physik in atomaren Dimensionen auf die Anschaulichkeit verzichten. Als Hilfe der Anschauung bei unserem Kugelraum können wir auf die Kugeloberfläche verweisen. Ein Raum ist dreidimensional, eine Fläche zweidimensional, und eine gekrümmte Fläche ist durchaus anschaulich. Die Kugeloberfläche hat ebenfalls keinen Mittelpunkt und keine Grenzen; sie hat aber einen endlichen, leicht berechenbaren Flächeninhalt. Schreite ich auf der Kugeloberfläche immer weiter in einer Richtung fort – etwa auf einem Längengrad – komme ich wieder an den Ausgangspunkt zurück. So wäre es auch in Einsteins Kugelraum.

Der Einsteinsche Kosmos stellte einen statischen, also unveränderlichen Raum dar, und damit folgte er der Tradition. Er hat heute nur noch historische Bedeutung. Der Engländer Arthur Eddington konnte 1930 nachweisen, daß der Kosmos Einsteins nicht beständig ist. Kleine Schwankungen der Dichte, wie sie im realen Kosmos stets vorhanden sind, würden diesen Kosmos entweder expandieren oder kontrahieren lassen. Einstein selbst gab daher sein Kosmosmodell als der Wirklichkeit widersprechend wieder auf. Das Verdienst seines Schöpfers wird dadurch nicht geschmälert. Einstein hatte gezeigt, daß es durchaus sinnvoll ist, nach Lösungen für ein Modell des ganzen Universums zu suchen. Er hatte auch den unendlichen Raum aufgegeben, dessen Problematik in der Vergangenheit sichtbar geworden war.

Der Holländer Willem de Sitter konstruierte in den Jahren 1916/17 ebenfalls ein Weltmodell. Der Inhaber des Lehrstuhls für Astronomie und Leiter der Sternwarte in Leiden beschäftigte sich vorwiegend mit Aufgaben der Himmelsmechanik. Das Studium der Bewegungen der Jupitermonde sollte ihn über dreißig Jahre in Atem halten. Das Thema ist für die Astronomie interessant genug, denn die genaue Analyse dieser Bewegungen erlaubt es, die Massen der Satelliten zu berechnen. Das war damals ohne Computer eine außerordentlich schwierige und langwierige Angelegenheit. Mit Einsteins Allgemeiner Relativitätstheorie und ihren kosmologischen Konsequenzen befaßte sich de Sitter eigentlich nur nebenher. Diese Arbeiten aber sind es, die seinen Namen mit der Geschichte der Kosmologie verknüpft haben. Zerstreut und mit weißem Vollbart war Willem de Sitter der Urtyp eines Professors vergangener Zeiten.

Er begann seine Arbeit unmittelbar, nachdem er ein Exemplar von Einsteins Arbeit erhalten hatte. Sein Kosmos unterscheidet sich von demjenigen Einsteins ganz wesentlich dadurch, daß er ein bloßer »Lichtkosmos«, ein Kosmos ohne Materie ist. Aber der Kosmos de Sitters ohne Materie dehnt sich aus. Brächte man zwei kleine Körper in diesen Kosmos, würden sie sich mit dem expandierenden Raum voneinander entfernen. Der Raum dehnt sich immer schneller aus, ohne an eine zeitliche Grenze zu stoßen. Blicken wir nach der Vergangenheit, wird der Raum kleiner, aber immer langsamer, so daß der Abstand der beiden Körper zwar kleiner, aber niemals Null wird. Der Raum de Sitters ist also zeitlich nach beiden Seiten offen. Natürlich kann dieser Kosmos nur das mathematische Modell eines irrealen Kosmos sein, denn der reale Kosmos enthält Materie. Eine bahnbrechende Arbeit leistete der sowjetische Mathematiker Alexander Friedmann. Seine Kosmen, die er aus der Einsteinschen Theorie herleitete, sind noch immer aktuell. Seine Veröffentlichungen 1922 und 1924 in der »Zeitschrift für Physik« fanden aber zunächst keine Beachtung. Da er schon 1925 im Alter von siebenunddreißig Jahren in Leningrad an Typhus starb, konnte er den Triumph seiner Arbeit nicht mehr erleben.

Alexander Friedmann wurde 1888 in St. Petersburg geboren. Er entstammte einer musikalischen Familie; sein Vater Alexander war Komponist, seine Mutter Ludmilla die Tochter des tschechischen Komponisten Hynek Vojáček. Auf dem Gymnasium wie auf der Universität seiner Heimatstadt wurde der junge Friedmann für seine glänzenden Leistungen mit Goldmedaillen ausgezeichnet. Sein eigentliches Arbeitsgebiet war die Meteorologie, auf welchem Gebiet er während seines kurzen Lebens Bedeutendes leisten sollte. Daneben gehörte sein Interesse der Relativitätstheorie. Er arbeitete zunächst an einer meteorologischen Station in Pawlowsk bei St. Petersburg. Während des 1. Weltkrieges meldete er sich freiwillig zu einer Fliegerabteilung, wo er den Piloten nicht nur das Wetter vorhersagte, sondern selbst als Beobachter mitflog. Nach dem Kriege erhielt er eine Stellung an der sowjetischen Akademie der Wissenschaften; die Stadt St. Petersburg hieß nun Leningrad. Im Jahre 1931 wurde ihm für seine überragenden wissenschaftlichen Leistungen posthum der Leninpreis verliehen.

Friedmann ist von zwei Voraussetzungen ausgegangen. Erstens sollte das Weltall homogen sein; die Materie kann also örtlich unterschiedlich dicht verteilt sein, im Mittel aber ist die Welt gleichmäßig mit Galaxien besetzt. Zweitens sollte das Weltall isotrop sein, das heißt, keine Stelle und keine Richtung des Weltalls ist vor einer anderen ausgezeichnet. Das ist das Postulat der Isotropie. Mit der Voraussetzung wäre es beispielsweise nicht vereinbar, würde in eine Richtung oder nach einem Punkt des Weltalls bevorzugt Materie strömen. Wenn ein Muster isotrop ist, dann ist es auch homogen. Die Isotropie ist also die schärfere Bedingung, denn sie enthält die Homogenität. In *Abb. 2* sind ein homogen-isotropes und ein homogenes, aber anisotropes Muster gezeichnet. Wir wissen heute, daß die Galaxien zur Haufenbildung neigen, dennoch scheinen die Annahmen Friedmanns großräumig gerechtfertigt zu sein; jedenfalls soweit wir das Weltall überblicken. Die vollständige Gleichheit und Gleichberechtigung jeder Stelle im Weltall nennen wir das »Kosmologische Prinzip«.

Wie Einstein war Friedmann bei seinen Vereinfachungen sehr weit gegangen. Er hatte die Sterne gewissermaßen zer-

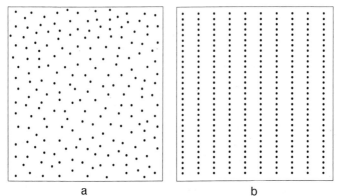

Abb. 2: Homogenität und Isotropie. Das Muster a ist homogen und isotrop, das Muster b ist homogen, aber anisotrop.

schlagen und zerrieben und dann gleichmäßig über den ganzen Raum verteilt. Die Materie wird durch ein Gas idealisiert mit einer »Gasdichte« und einem »Gasdruck«. Solches Verfahren mag den Laien verwundern, Vereinfachungen sind in der Physik aber durchaus üblich und sogar notwendig, um Aufgaben theoretisch lösen zu können. Das ist recht erfolgreich. Der Begriff der »Punktmasse« wird häufig gebraucht, und die Physiker erzielen mit dieser Idealisierung glänzende Erfolge. Wo aber finden sich tatsächlich Massen, also Körper, ohne Ausdehnung?

Die Lösungsmenge der Friedmann-Gleichungen wird durch die getroffenen Voraussetzungen zwar eingeengt, dennoch bieten sich noch mehrere Lösungen an, von denen wir diejenige auswählen müssen, die der beobachtbaren Wirklichkeit entspricht. Die Theorie sagt nichts darüber aus, welche der Lösungen die richtige ist. Haben wir uns aber für eine Lösung entschieden, liefert sie uns Beziehungen zwischen kosmologischen Größen: Massedichte der Welt, Weltalter, räumliche Makrostruktur. Die Auswahl der richtigen Lösung muß durch Vergleich der Ergebnisse der Theorie mit der Wirklichkeit erfolgen. Und hierin liegt eine ganz wesentliche Schwierigkeit, da sich die Lösungen zwar in ihrer Makrostruktur unterscheiden, in den kleineren, beobachtbaren räumlichen und zeitlichen Ausmaßen aber nur geringfügige, meßtechnisch schwer feststellbare Abweichungen zeigen. Aber gerade um die Makrostruktur des Raumes geht es in der Kosmologie, und da lassen die Friedmannschen Ergebnisse sowohl räumlich endliche wie auch unendliche Modelle zu.

Die Raumstruktur wird durch eine Größe festgelegt, welche die Krümmung dieses Raumes bestimmt *(Tab. 1)*. Ist die Krümmung positiv, liegt ein endlicher Raum vor, ein sphärisch gekrümmter, in sich geschlossener Raum, ein Raum ohne Grenzen und doch mit endlichem Volumen, wie ihn schon Einstein als Modell seines Kosmos angenommen hatte. Wir verweisen noch einmal auf die Kugeloberfläche als zweidimensionales anschauliches Modell des dreidimensionalen, unanschaulichen, gekrümmten Raumes. Bei diesem Bild gehört der Inhalt der Kugel nicht zu unserem Modell, und das gilt ebenso

Krümmung	Raumform	Raumgröße	zeitliche Entwicklung
positiv (> 0)	sphärisch, in sich geschlossen	endlich	nach Expansion wieder Kontraktion
null (= 0)	euklidisch, eben	unendlich	expandiert für immer. Expansionsgeschwindigkeit geht gegen Null
negativ (< 0)	hyperbolisch, offen	unendlich	expandiert für immer

Tab. 1 Überblick über die drei theoretischen Kosmos-Modelle

für das Äußere der Kugel. Nur die Kugeloberfläche ist der Raum unseres vereinfachten Modells. Die sphärische Krümmung wäre großräumig verwirklicht; lokal wird die Krümmung des Raumes durch die Massenverteilung festgelegt. Es ist ein Raum mit von Raumpunkt zu Raumpunkt veränderlicher Krümmung. Im zweidimensionalen Modell hätte dann die Kugeloberfläche kleine Erhöhungen und Vertiefungen in der Fläche.

Bei negativer Krümmung führt die Theorie auf einen unendlich ausgedehnten Raum; die Kosmologen sprechen von einem hyperbolischen Raum. Da die Krümmung von unterschiedlicher Größe sein kann, liefert die Theorie unendlich viele Räume mit positiver und negativer Krümmung.

Mit diesen beiden Kosmosarten, den Räumen mit positiver und negativer Krümmung, hatte sich Friedmann begnügt. Tatsächlich enthält die Theorie noch eine dritte Lösung, die von George Lemaître 1927 gefunden wurde. Der belgische Domherr und Professor für Relativität und Wissenschaftsgeschichte in Löwen hatte schon als Artillerieoffizier in der Armee während des Ersten Weltkriegs Interesse an Physik und Mathematik gefunden, dennoch empfing er 1922 zunächst die Priesterweihe. Danach aber studierte er Astrophysik. Er hatte Friedmanns Arbeit ebensowenig zur Kenntnis genommen wie seine Kollegen. Er mußte alles noch einmal herleiten, und es erging ihm wie seinem Vorgänger; seine Arbeit wurde kaum beachtet. Als dann aber um 1930 Kosmologie hochaktuell und von den Astronomen akzeptiert wurde, war es Lemaître, dem die Entdeckung der neuen Kosmen zugeschrieben wurde, nicht Friedmann. Der Engländer Eddington hatte auf Lemaîtres Veröffentlichung aufmerksam gemacht; von Friedmann wußte er nichts.

Bei der von Friedmann übersehenen Lösung handelt es sich um den Grenzfall zwischen positiver und negativer Krümmung; das ist die Krümmung Null. Dieser ungekrümmte Raum ist der unendlich ausgedehnte euklidische Raum unserer Anschauung.

In *Abb. 3* sind die drei Räume als zweidimensionales Modell unserer Anschauung dargestellt. Bei den Modellen *b* und *c* denke man sich die Flächen ins Unendliche fortgeführt. Diese zweidimensionalen Modelle müssen wir uns ins Dreidimensionale übertragen denken. Das ist gewiß schwierig; aber schwierig sind nun einmal die drei Weltmodelle, von denen eines dem realen Kosmos entspricht oder entsprechen soll, wie die Wissenschaftler glaubhaft behaupten.

Höchst bedeutsam ist nun eine Eigenheit Friedmannscher Kosmen. Die räumlich unendlichen Modelle dehnen sich entweder aus, oder sie ziehen sich zusammen. Demgegenüber durchläuft das sphärische, endliche Modell zuerst eine Expansions- und daran anschließend eine Kontraktionsphase. Die

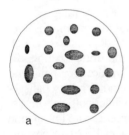

Abb. 3: Die Friedmann-Kosmen als zweidimensionales Modell.
a: Krümmung positiv;
b: Krümmung null;
c: Krümmung negativ

Theorie sagt nichts darüber aus, ob wir uns zur Zeit in einer Phase der Expansion oder der Kontraktion befinden. Das kann nur durch Beobachtung im realen Kosmos entschieden werden. Der Einsteinsche Kugelraum war zwar auch endlich und in sich geschlossen, er sollte seine Größe aber nicht ändern.

Soweit die Aussagen der Theorie. Der Zusammenhang mit der Wirklichkeit mußte erst noch hergestellt werden. Dies schaffte Edwin Hubble, dem 1929 die bedeutendste Entdeckung in der noch jungen Geschichte der wissenschaftlichen Kosmologie gelang.

Das expandierende Weltall

Edwin Powell Hubble wurde 1889 als Sohn eines Rechtsanwalts in Missouri geboren. Er war ein glänzender Schüler, erhielt ein Stipendium und studierte an der Universität Chicago Mathematik und Astronomie. Hier hörte er auch physikalische Vorlesungen bei Robert Millikan, der 1911 durch die Bestimmung der elektrischen Elementarladung berühmt geworden war. Der fast 1,90 Meter große Hubble boxte so erfolgreich im Halbschwergewicht, daß ihn ein Boxveranstalter für einen Kampf mit dem damaligen Weltmeister Jack Johnson trainieren wollte, aber Hubble reiste 1910 nach Oxford in England und studierte an der dortigen Universität Jura.

Er kehrte 1913 in die Vereinigten Staaten zurück und ließ sich in Kentucky als Rechtsanwalt nieder. Schon ein Jahr später gab er den Beruf aber wieder auf und ging an das Yerkes-Observatorium der Universität Chicago. Dort erhielt er 1917 den Ph. D., den Doktor der Philosophie. In seiner Doktorarbeit sprach er schon den Verdacht aus, daß die spiralförmigen Nebelflecken außerhalb unseres eigenen Sternsystems liegen sollten. Inzwischen war Amerika in den Krieg eingetreten, und der patriotische Hubble meldete sich freiwillig; er kam nach Frankreich und brachte es bis zum Major. Nach seiner Rückkehr in die USA folgte er einer Einladung Hales, des Leiters des Mount-Wilson-Observatoriums in Kalifornien, wo 1917 ein 100-Zoll-Teleskop aufgestellt worden war. Auf dem Mount Wilson galt sein Interesse sofort wieder jenen seltsamen Nebelflecken, über deren Natur sich die Astronomen immer noch nicht einig waren.

Die Zeit drängte nach einer Lösung des jahrhundertealten Problems. Vorerst aber waren die Meinungen noch immer geteilt. Zu jenen, die eine Weltinsel-Lösung ablehnten, gehörte Harlow Shapley, Jahrgang 1885, ebenfalls einer der ganz Großen der Astronomiegeschichte. Er hatte als Zeitungsreporter begonnen. Mit zweiundzwanzig Jahren bezog er noch einmal die Universität in Missouri, um nun richtig Journalismus zu studieren. Er mußte aber feststellen, daß dieses Studienfach erst im nächsten Jahr gelehrt wurde. Da entschloß er sich, Astronomie zu studieren. Er behauptete später, dieses Fach nur deswegen gewählt zu haben, weil es im Vorlesungsverzeichnis ganz oben stand, und das Wort »Archäologie«, das noch weiter oben stand, wäre viel zu schwer auszusprechen gewesen. Im Jahre 1914 ging er auf den Mount Wilson. Hier stand mit dem 60-Zoll-Spiegel das größte Teleskop der Welt, und ein 100-Zoll-Instrument war im Bau. $'' = 2,54\ cm$

Bis 1918 hatte der unermüdliche Shapley ein ungefähr richtiges Modell unserer heimatlichen Galaxie, des Milchstraßensystems, zeichnen können. Er hatte herausgefunden, daß die Kugelsternhaufen den Raum kugelförmig erfüllen, und er zog daraus den Schluß, daß der Mittelpunkt jener Haufenanordnung auch der Mittelpunkt des Milchstraßensystems sei. Er schätzte den Durchmesser unseres Sternsystems auf 250 000 Lichtjahre, was viel zu groß ist. Der Fehler hatte sich ergeben, weil Shapley noch nichts von der Schwächung des Sternenlichtes durch interstellares Gas und den Staub wußte. Er hatte das schwache Licht ferner Sterne irrtümlich auf die Entfernung zurückgeführt. Das hatte beträchtliche Folgen, was die Struktur des gesamten Universums betrifft. Danach mußten nämlich die beiden Magellanschen Wolken innerhalb der Galaxis liegen. Tatsächlich sind sie aber selbständige Sternsysteme, zwar in unserer Nähe, aber eben außerhalb der Galaxis. Außerdem hätte die Annahme, daß jene Nebelflecken Sternsysteme sind, zu dem Schluß geführt, daß sie doch recht klein im Vergleich zu unserem eigenen geradezu gigantischen Sternsystem wären. An solchen Zufall wollte niemand so recht glauben. Der Irrtum ergab sich durch das viel zu große Milchstraßensystem.

Shapley verfocht dennoch unerschrocken die Meinung, das Weltall bestünde nur aus diesem unserem Sternsystem, und jene Nebel mochten sein, was sie wollten, Sternsysteme wären sie jedenfalls nicht. Es kam zu einem jahrelangen Streit zwischen Shapley und einem gewissen Heber Curtis vom Lick-Observatorium auf dem Mount Hamilton, ebenfalls in Kalifornien. Curtis war wie Shapley erst verspätet zur Astronomie gekommen: er hatte zunächst alte Sprachen unterrichtet. Am 26. April 1920 fand eine denkwürdige Diskussion der beiden Kontrahenten auf der Jahresversammlung der National Academy of Science in Washington statt. Albert Einstein war unter den Zuhörern. Das Ereignis erregte damals großes Aufsehen. Am Ende der Diskussion herrschte der Eindruck vor, Curtis habe über Shapley gesiegt. Diese Niederlage hat der ehrgeizige Shapley niemals verwunden. Im Jahre 1924 konnte Hubble die äußeren Bereiche des Andromedanebels *(Abb. 4)* und einiger anderer naher Nebel in Einzelsterne auflösen und so den Streit zugunsten der selbständigen Sternsysteme entscheiden. Und nun, um das Jahr 1929, sollte er seine Forscherlaufbahn durch die Entdeckung der »Nebelflucht« krönen.

Wird das Licht entfernter Galaxien spektral zerlegt, zeigen die Linien eine Verschiebung nach dem roten Ende des Spektrums hin. Ursache könnte ein bisher unbekannter physikalischer Effekt sein, aber die Erscheinung legt viel eher eine Deutung als Dopplereffekt nahe, und das würde heißen, die Galaxien entfernen sich alle von jener Stelle des Universums, wo sich unser Sternsystem befindet.

Der Dopplereffekt geht auf eine Entdeckung des Wiener Physikers Christian Doppler vom Anfang des 19. Jahrhunderts zurück. Der Effekt wirkt sich auch bei der Bewegung einer Schallquelle aus. Entfernt sich eine Schallquelle vom Hörer, werden die Schallwellen auseinandergezogen. Nähert sich ihm eine Schallquelle, werden die Wellen zusammengedrückt. Dem Hörer erscheint der von der Schallquelle ausgesendete Ton entsprechend tiefer oder höher. Dieser Effekt findet sich auch beim Licht.

Abb. 4: Die Andromeda-Galaxie mit ihren beiden elliptischen Begleitern

Die Atome der einzelnen chemischen Elemente senden elektromagnetische Strahlung bei ganz bestimmten Wellenlängen aus, der Wasserstoff beispielsweise bei 21 Zentimetern. Bei einer von uns wegflüchtenden Galaxie wird die Lichtwellenlänge dann größer, die Frequenzen werden niedriger, und das heißt, die Spektrallinien verschieben sich nach dem langwelligen Ende des Spektrums, nach rot. Das ist die »Rotverschiebung« in den Spektren der Galaxien, die also dann auftritt, wenn sich die Galaxien von uns wegbewegen.

Die Arbeiten von Friedmann und Hubble ergänzen sich in einzigartiger Weise. Hubble aber wußte nichts von Friedmann und dessen bahnbrechender Arbeit. Er sollte davon erst 1930 erfahren, nachdem er seine große Entdeckung der Nebelflucht schon veröffentlicht hatte. An eine Expansion des ganzen Universums wollte der Praktiker dennoch nicht glauben. Seine Mitarbeiter hatten inzwischen so starke Rotverschiebungen gemessen, daß die Galaxien mit Geschwindigkeiten bis 30 000 km/s von uns weg flüchten mußten. Hubble zog daher den neutraleren Ausdruck »Rotverschiebung« dem der »Nebelflucht« immer vor. Er hielt einen noch unbekannten physikalischen Effekt für immerhin möglich. Inzwischen haben sich die Meinungen aber grundlegend geändert.

Es ist daher zulässig, aus der Lösungsmenge der Friedmannschen Gleichungen solche Lösungen auszuwählen, die einem

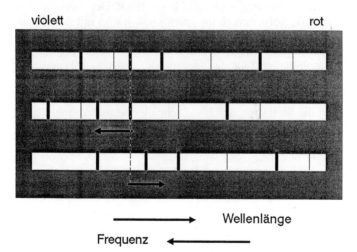

Abb. 5: Die Verschiebung der Spektrallinien des Lichtes.
Oben: normales Spektrum eines ruhenden Sterns;
Mitte: Verschiebung nach Violett; der Stern bewegt sich auf uns zu;
Unten: Verschiebung nach Rot; der Stern entfernt sich.

expandierenden Kosmos entsprechen. In diesem expandierenden Kosmos werden die Abstände zwischen zwei Punkten im Raum, etwa zwei Galaxien, ständig größer, und das gilt für jeden beliebigen Ort. Diese Weltmodelle stimmen überein mit der Beobachtung der Rotverschiebung, gedeutet als Fluchtbewegung der Galaxien. In einem kontrahierenden Universum sollten sich die Spektrallinien nach violett verschieben *(Abb. 5)*.

Mit der Entdeckung, daß wir in einem Universum existieren, das sich ausdehnt, wissen wir noch nicht, ob es das geschlossene, also endliche Modell oder eines der beiden ewig expandierenden, unendlich ausgedehnten Modelle ist. Eines nur wissen wir, sollte es sich um den endlichen, in sich geschlossenen Kosmos handeln, dann befindet er sich noch in der Expansionsphase. In ferner Zukunft müßte sich die Expansion umkehren und in eine Kontraktion übergehen *(Abb. 6)*.

Die Rotverschiebung der Spektrallinien im Licht eines Sternsystems gibt uns ein hervorragendes Mittel zur Entfernungsbestimmung im Weltall in die Hand. Der Astrophysiker kann die Rotverschiebung leicht messen und mit der normalen, uns selbstverständlich bekannten Lage der Linien im Spektrum des Lichtes von Rot bis Violett, aber auch jenseits des sichtbaren Teils des Spektrums, vergleichen. Daraus läßt sich berechnen, wie schnell sich das Sternsystem von uns wegbewegt. Nun weisen die Beobachtungen darauf hin, daß sich die Sternsysteme um so schneller bewegen, je weiter sie von uns entfernt sind. Die Beziehung zwischen der Geschwindigkeit und der Entfernung scheint linear zu sein *(Abb. 7)*, also

$$\text{Fluchtgeschwindigkeit} = H \times \text{Entfernung}$$
$$\text{Entfernung} = \frac{1}{H} \times \text{Fluchtgeschwindigkeit}.$$

Wir erhalten somit aus der Rotverschiebung über die Fluchtgeschwindigkeit die Entfernung der Galaxien. Die Hubblekonstante H mußte erst bestimmt werden, um aus der Geschwindigkeit auf die Entfernung schließen zu können. Ohne hier auf Einzelheiten jahrzehntelanger Bemühungen um diese Hubblekonstante einzugehen, sei darauf verwiesen, daß deren Ermitt-

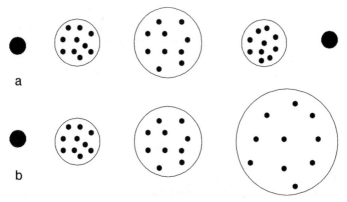

Abb. 6: a: Das räumlich unendliche Weltall kehrt dereinst seine Expansion um; b: Die räumlich unendlichen Modelle dehnen sich in die zeitliche Unendlichkeit hinein aus. Das Bild zeigt einen endlichen Ausschnitt der räumlich unendlichen Welt.

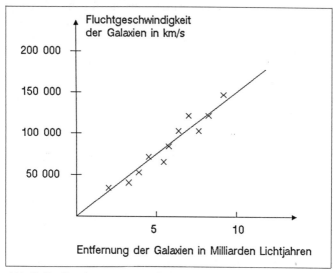

Abb. 7: Die Beziehung zwischen Geschwindigkeit und Entfernung bei der Fluchtbewegung der Galaxien

lung außerordentlich schwierig ist. Hubble hatte ursprünglich einen viel zu großen Wert von 150 ermittelt. Seitdem wurde die Zahl mehrfach korrigiert. Heute werden Werte zwischen 15 und 30 als wahrscheinlich angesehen. Bei diesen Zahlen muß die Entfernung in Millionen Lichtjahren und die Fluchtgeschwindigkeit in Kilometer pro Sekunde eingesetzt werden. Legen wir den Wert 15 zugrunde, würde ein Objekt in der Entfernung von einer Million Lichtjahren mit einer Geschwindigkeit von 15 km/s von uns wegfliegen. Das ist sehr wenig und würde von der Eigenbewegung der Galaxie, die ja auch auf uns zu gerichtet sein kann, überdeckt werden. Bei einer Milliarde Lichtjahre Entfernung sind es schon 15000 km/s und bei 10 Milliarden Lichtjahren 150000 km/s.

Die Fluchtgeschwindigkeit ist unabhängig von der Richtung, in die wir blicken. Bei gleicher Entfernung rasen die Galaxien in jeder Himmelsrichtung mit der gleichen Geschwindigkeit von uns weg. Unser Sonnensystem bildet dennoch nicht den Mittelpunkt der Welt. Das ganze Universum dehnt sich aus. Von jedem Punkt des Weltalls aus würde sich der Eindruck allseitig wegflüchtender Galaxien bieten. Die Galaxien selbst expandieren dabei nicht; sie werden durch die Dehnung des Raumes nicht größer. Sie sind stabile Systeme, die in ihrer Größe verharren. Die Abstände zwischen den Galaxien sind es, die sich ändern.

Wir können uns diesen Vorgang an einem aufgeblasenen Luftballon klarmachen. Stellen wir uns vor, die Gummihaut des Luftballons wäre mit Punkten markiert. Blasen wir den Ballon auf, entfernen sich alle Punkte auf der Fläche voneinander. Kein Punkt wäre vor dem anderen ausgezeichnet; jeder Punkt entfernt sich von jedem. Der Vorgang mit der zweidimensionalen Fläche der Ballonhaut ist anschaulich. Der Leser möge versuchen, dieses Bild in das Dreidimensional-Räumliche zu übertragen.

Hubble war bei seinen Messungen von Milton Humason unterstützt worden. Diese außergewöhnliche Persönlichkeit war auf der Suche nach Arbeit auf dem Mount Wilson gelandet. Er arbeitete zunächst als Maultiertreiber, später als

Küchenhilfe in der Kantine und als Hausmeister der Sternwarte. Aber Humason war gescheit und bedrängte die Astronomen mit seinen Fragen. Er durfte schließlich bei der Arbeit an den kleineren Teleskopen helfen, dann wurde ihm auch erlaubt, selbständige Messungen am 2,5-m-Teleskop auszuführen. Damit war aber bei einem Edwin Powell Hubble die Grenze des Aufstiegs erreicht; der Mann hatte schließlich nur die achte Volksschulklasse vollendet. Er gab dem Drängen der Kollegen dann aber doch nach und stellte Humason als wissenschaftlichen Mitarbeiter ein. Er sollte es nicht bereuen; Humason wurde ihm bald unentbehrlich. Er konnte nun beruhigt seinen tiefschürfenden Gedanken nachhängen, wußte er doch, daß Humason inzwischen die notwendigen Messungen am Teleskop ausführte.

Der Anfang der Welt

Wenn sich das Weltall aber stetig ausdehnt, läßt sich bei Kenntnis von Entfernung und Fluchtgeschwindigkeit einer Galaxie auf der Grundlage der Formel auf Seite 32 leicht ausrechnen, wann dieser Vorgang weit zurück in der Vergangenheit begann. Wir brauchen nur die Zeit auszurechnen, die eine Galaxie brauchte, um mit bekannter Geschwindigkeit eine ebenfalls bekannte Entfernung zurückzulegen. Da sich die Galaxien in jeder Himmelsrichtung mit der gleichen Geschwindigkeit von uns weg bewegen, anders ausgedrückt, da sich das Weltall überall offensichtlich gleichmäßig ausdehnt, gibt uns diese Zeit an, wann die Galaxien in der Vergangenheit dicht zusammengedrängt ihre Bewegung begannen, seit wann also das Weltall expandiert. Wegen des linearen Zusammenhangs zwischen Entfernung und Geschwindigkeit erhalten wir stets dieselbe Zeit, von welcher Galaxie wir auch ausgehen. Ist eine Galaxie weiter von uns entfernt, »flüchtet« sie auch mit einer höheren Geschwindigkeit von uns weg. Das Ergebnis ist daher unabhängig davon, von welcher Galaxie in welcher Entfernung und mit welcher Geschwindigkeit wir ausgehen.

Mit Hubbles ursprünglichem Wert ergäbe das ein lächerlich geringes Alter von etwa zwei Milliarden Jahren. Die Sonne und die Erde sind viel älter; der Wert kann also nicht stimmen. Verwenden wir aber unseren neueren Wert von 15, führt das auf 20 Milliarden Jahre. Legen wir für die Hubblekonstante den Wert 30 zugrunde, erhalten wir »nur« ein Weltalter von 10 Milliarden Jahren; das ist immerhin auch noch die doppelte Zeit, seit der unser Sonnensystem existiert.

Das wahre Weltalter ist allerdings kleiner als nach der Hubblekonstanten berechnet, da diese keine Konstante, also unveränderlich ist. Das folgt aus der Einstein-Friedmann-Theorie. Die Expansion des Weltalls wird durch die gegenseitige Massenanziehung gebremst. Die Fluchtgeschwindigkeit nimmt im Verlaufe von Jahrmilliarden ab. Sie war zu früheren Zeiten größer. Wir sprechen daher auch von »Hubble-Zeit« und von »Friedmann-Zeit« *(Abb. 8* – vgl. auch *Abb. 9).* Die Unterschiede sind beachtlich. Legen wir die Hubblekonstante 15 zugrunde, ergeben sich für die drei Weltmodelle etwa die folgenden Hubble- und Friedmann-Zeiten für das wahre Weltalter in Milliarden Jahren (A. Sandage, zitiert nach Unsöld-Baschek):

Hubble-Zeit	*Friedmann-Zeit*		
	sphär. Welt	Euklid. Welt	hyperbol. Welt
20	13	11	9

Wenn nun das Universum seit 10 oder 20 Milliarden Jahren expandiert, dann sollte es jenen Zeitpunkt Null gegeben haben, zu dem die Expansion begann. Die Abstände der Galaxien waren nicht nur sehr klein – theoretisch null –, diese Galaxien konnten sich noch gar nicht gebildet haben. Aber der Raum war mit Materie erfüllt, und diese Materie war auf engstem Raum zusammengepreßt, in einem »Weltenei«, wie Lemaître dieses Gebilde nannte. Dann explodierte das Ei mit jenem weithin bekannten »Urknall« *(big bang),* und seitdem expandiert das Weltall *(Abb. 9).* Die räumlich unendlichen Welten expandieren ins zeitlich Unendliche hinein. Die räumlich endlichen Welten kehren einstmals ihre Expansion in eine Kontraktion um und beenden ihr Dasein letztlich in einem umgekehrten Urknall *(big crunch).*

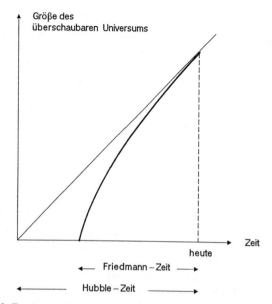

Abb. 8: Friedmann-Zeit und Hubble-Zeit. Die Theorie führt auf ein kleineres Weltalter als die Beobachtung der Nebelflucht

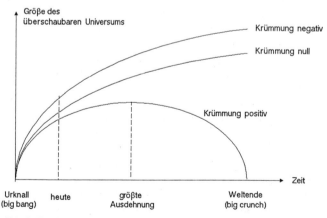

Abb. 9: Die Kosmosmodelle nach A. Friedmann vom Urknall über die Gegenwart in die Zukunft

Das Wort »Explosion« müssen wir allerdings mit Vorsicht benutzen, denn dieser »Urknall« ist keine Explosion, ein Vorgang, der im vorhandenen leeren Raum zu einem bestimmten Zeitpunkt der bereits fließenden Zeit vor sich geht. Bei einer Explosion werden die Trümmer durch den Druck von einem zentralen Punkt aus radial weggetrieben. Der Druck nimmt mit wachsender Entfernung von diesem zentralen Punkt aus ab. In dem sich ausdehnenden Universum haben wir kein Zentrum und keine lokalen Druckunterschiede. Der Druck ist zu jedem Zeitpunkt und an jedem Ortspunkt innerhalb des Universums der gleiche. Er ändert sich nur in Abhängigkeit von der Zeit, und das heißt, er nimmt in dem sich ausdehnenden Universum ab. Die Materie explodiert nicht, um danach in den schon als Hintergrund existierenden leeren Raum hineinzufliegen. Die Einheit von Raum und Materie dehnt sich aus. Die Kosmologen nennen den Urknall daher exakter die Anfangssingularität. Das ist der Punkt null, da Raum, Zeit und Materie existent werden. Ein »vorher« gab es nicht; die Zeit beginnt erst mit dem Urknall zu fließen. Das folgt aus den Friedmann-Lösungen für den Kosmos. Wir werden auf diese Anfangssingularität wieder zurückkommen.

Wir müssen uns den Raum gewissermaßen elastisch vorstellen, und dieser elastische Raum, in den die Sternsysteme hineingeheftet sind, dehnt sich mit diesen Sternsystemen aus. Die Abstände zwischen ihnen werden bei dieser Dehnung ständig größer. Beim geschlossenen Weltall können wir uns das leicht mit einem Luftballon, den wir aufblasen, klarmachen.

Wir stellen uns vor, wir hätten die Hülle des Ballons durch Punkte markiert – die Galaxien –, deren Abstände dann ständig größer werden. Beim Universum müßten wir uns dieses Bild ins Dreidimensionale übertragen denken. Während der Expansion des Raumes wächst dessen Volumen wie beim Luftballon dessen Oberfläche.

Bei den unendlich ausgedehnten Modellen kann uns ein Gummituch, an dem wir ziehen, den Vorgang des sich ausdehnenden Universums anschaulich näherbringen, nur – das Gummituch sollte unendliche Ausdehnung haben. Wir können nun aber nicht sagen, daß das Volumen dieser Universen größer wird, denn sie sollen ja schon unendliche Ausdehnung haben. Die Abstände zwischen den Galaxien werden aber größer; die Materiedichte nimmt ab.

Die Modelle des unendlich großen Universums führen zu einer außerordentlichen begrifflichen Schwierigkeit, sobald wir uns zeitlich zurück der kosmologischen Singularität nähern.

Beginnen wir mit dem geschlossenen Universum, das ein endliches Volumen und eine endliche Masse besitzt. Hier ist es durchaus anschaulich, sich diese endliche Masse in einem viel kleineren Volumen bei sehr viel höherer Dichte vorzustellen. Wie aber sollen wir uns das bei den unendlichen Modellen vorstellen? Denn dieser unendlich ausgedehnte Raum mit einer unendlich großen Zahl von Galaxien sollte auch in der Frühzeit schon unendlich ausgedehnt gewesen sein und unendlich viel Masse mit sehr viel höherer Dichte enthalten haben. Wir hätten dann ein unendlich ausgedehntes Weltall höchster Dichte, das in die Unendlichkeit hinein expandiert. Für diese begriffliche Schwierigkeit gibt es keine Lösung.

Für die Anschauung und das Verständnis können wir uns aber ein endliches Teilgebiet aus dem unendlich großen Raum herausgeschnitten denken. Dies Teilgebiet soll der Größe des beobachtbaren Universums entsprechen. Wir nehmen hierfür einen Radius von runden 20 Milliarden Lichtjahren an. Wir können nicht weiter in den möglicherweise unendlichen Raum hinaussehen, da uns das Licht jenseits einer Entfernung von 20 Milliarden Lichtjahren noch nicht erreichen konnte. Das Universum ist ja nach heutigem Wissen erst 20 Milliarden Jahre alt. Auf diesen endlichen Ausschnitt mit einem Weltradius von 20 Milliarden Lichtjahren beziehen sich dann alle unsere Überlegungen. Insbesondere zur Frühzeit des Kosmos ist das nützlich, da wir unseren Blick auf ein endliches Raumgebiet richten können. Dieses endliche Raumgebiet verändert seine Größe ebenso wie die gesamte räumlich endliche Welt, und es beginnt ebenfalls aus einem Punkt heraus.

Bei der räumlich endlichen Welt taucht naturgemäß die Frage auf: Was befindet sich jenseits des Raumes, der unser Universum bildet? Ein solcher Zustand ist aber physikalisch nicht definiert. Es kann ein »jenseits des Raumes« nicht geben, da wir unsere zwar räumlich endliche, aber grenzenlose Welt nicht verlassen können. Wir würden nirgends an eine Grenze stoßen, wir würden vielmehr nach Zurücklegen einer gewaltigen Strecke immer in eine Richtung wieder zum Ausgangspunkt gelangen. Stellen wir uns zweidimensionale Wesen in einer Welt vor, die eine Kugeloberfläche ist. Die Welt dieser Wesen wäre endlich, aber ohne Grenzen, und da die Wesen zweidimensional sind, vermögen sie ihre Welt nicht zu verlassen. Der Vergleich hat allerdings seine Tücken, denn die zweidimensionale, gekrümmte Kugelfläche ruht im dreidimensionalen Raum. Nun könnten wir leicht behaupten, und das läßt sich auch mathematisch durchführen, unsere dreidimensionale gekrümmte Welt ruhe in einem vierdimensionalen unendlichen Raum. Aber das bringt uns nichts, denn ein solcher Raum ist kein physikalischer Raum, also erst recht kein Raum unserer Erfahrung. Finden wir uns damit ab. Die räumlich gekrümmte, in sich geschlossene, endliche Welt – von der wir noch gar nicht wissen, ob sie der physikalisch-realen Welt entspricht – ist die ganze Welt. Von einem »jenseits dieser Welt« zu sprechen, ist nicht zulässig; es ist sogar sinnlos.

Während der letzten Jahre seines Lebens litt Hubble an einer Herzkrankheit. Er starb plötzlich im Jahre 1953, als er sich für einen Gang auf den Mount Palomar vorbereitete.

KAPITEL 3

DIE STRUKTUR DES WELTALLS

Das Milchstraßensystem

Wir können mit dem bloßen Auge am Himmel einige Tausend Sterne sehen. In klaren, mondlosen Nächten beobachten wir überdies ein helles Band, die Milchstraße. Dieses Band umgibt die ganze Erde; ohne Anfang und ohne Ende zieht es sich über den nördlichen und den südlichen Himmel. Im Fernrohr läßt sich die Milchstraße in unzählige Sterne auflösen. Es sind die Sterne des Milchstraßensystems, auch Galaxis genannt. Wir unterscheiden also begrifflich zwischen der Milchstraße, dem hellen Band über uns, und dem Milchstraßensystem, unserem heimatlichen Sternsystem. Hier ist die Sonne ein Stern unter Sternen.

Der Name kommt aus der griechischen Mythenwelt. Zeus hatte die schöne Alkmene, Frau des Helden Amphitryon, verführt, während dieser mit einem thebanischen Heer irgendwelche Feinde bekriegte. Zeus war wieder sehr geschickt gewesen; diesmal hatte er gar die Gestalt des abwesenden Hausherrn angenommen. Herkules wurde der Knabe genannt, der niemandem gelegen kam. Er sollte aber dereinst der größte aller griechischen Helden werden. Vorerst war er aber noch Baby, und der Papa legte es heimlich an die Brust seiner schlafenden Ehefrau, der Hera, auf daß er durch deren Milch die Unsterblichkeit erlange. Aber das Baby sog so stark an der Brust der göttlichen Hera, daß die Milch über den Himmel spritzte und dort kleben blieb. So entstand die Milchstraße. Herkules hatte zwar nur wenige Tropfen der Göttermilch schlucken können, sie reichten aber für die Unsterblichkeit.

Die Sterne sind also nicht gleichmäßig im unermeßlichen Weltraum verteilt. Sie sind in Sternsysteme organisiert, und zwischen diesen Sternsystemen ist der Raum leer von Sternen. Die Sternsysteme oder Galaxien haben ein unterschiedliches

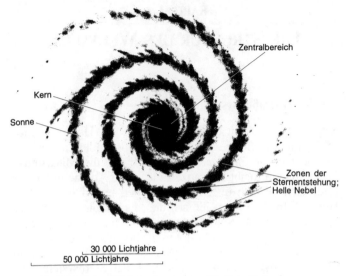

Abb. 10: Modell des Milchstraßensystems. Die Scheibe in der Draufsicht

Aussehen. Die Struktur des Milchstraßensystems ist spiralförmig, und es ist eines von vielen anderen Spiralgalaxien im Universum. Die Galaxis zählt zu den größten Vertretern dieser Art Sternsystem mit 100 bis 200 Milliarden Sternen. Es ist unmöglich und auch unnötig, diese ungeheure Zahl von Sternen einzeln zu erfassen und zu untersuchen; die Astronomen beschränken sich auf eine Auswahl. Die Struktur der Galaxis wurde verständlicherweise intensiv erforscht, und bis in die siebziger Jahre hinein waren sich die Astronomen sicher, ein recht gutes Modell unseres Sternsystems zeichnen zu können *(Abb. 10 und 11)*.

Wie alle Spiralgalaxien hat das Milchstraßensystem die Form einer flachen Scheibe, und diese Scheibe rotiert um ihre Symmetrieachse. Die Galaxis kann in drei Bereiche unterteilt werden. Der Zentralbereich hat einen Radius von rund 15 000 Lichtjahren; er ist sehr dicht mit überwiegend alten Sternen besetzt und hat die Form einer leicht abgeplatteten Kugel. Gas

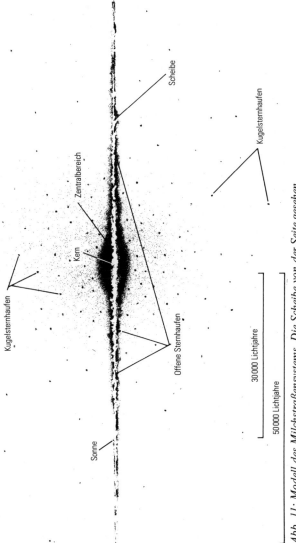

Abb. 11: Modell des Milchstraßensystems. Die Scheibe von der Seite gesehen

und Staub sind in diesem zentralen Teil der Galaxis verhältnismäßig wenig enthalten; wir können annehmen, daß diese interstellare Materie bereits weitgehend für die Bildung von Sternen verbraucht wurde. Neue Sterne können nur noch in geringer Anzahl entstehen, so daß sich auf diese Weise die Anwesenheit von meistens alten Sternen erklärt. Vom Beobachtungsstandort der Erde aus liegt das eigentliche Zentrum der Galaxis am Südhimmel in Richtung des Sternbildes Schütze, lateinisch und wissenschaftlich Sagittarius. Tatsächlich erscheint uns die Milchstraße im Sternbild Sagittarius am hellsten und am breitesten.

Das Zentrum der Galaxis ist für die Astronomen von besonderem Interesse. Leider kann es optisch nicht beobachtet werden, da es hinter dichten Staubwolken verborgen ist. Hier hilft die Radiowellen-, Infrarot- und Röntgenastronomie weiter. Die Sterndichte nimmt nach dem Zentrum hin zu. Die Forschungen der Astronomen konzentrieren sich gegenwärtig auf einen vergleichsweise winzigen Bereich von nur drei Lichtjahren Durchmesser. Diese Entfernung ist kleiner als der Abstand zwischen Sonne und Proxima Centauri, dem uns nächstgelegenen Fixstern. In einem Volumen mit diesem Durchmesser müssen sich Millionen Sterne befinden. Das folgt aus einem Vergleich mit dem Kern des Andromedanebels, der zwar viel weiter entfernt, von außen aber leichter zu fotografieren ist *(Abb. 4)*. Der uns nächste Fixstern Proxima Centauri ist vier Lichtjahre entfernt; von Sirius, dem hellsten Stern des Himmels, benötigt das Licht neun Jahre bis zu uns. Der mittlere Abstand zwischen den Sternen im Zentrum der Galaxis aber liegt bei nur einer Lichtwoche. Die Nächte auf einem Planeten jener Gegend sind keine Nächte. Die Zahl der Sterne am Himmel wäre um vieles größer, und die Sterne leuchteten auch viel heller als bei uns, da sie im Mittel viel näher stünden. Das Zentrum der Galaxis ist umgeben von Wolken aus Gas und Staub. Neben dem Wasserstoff konnten zahlreiche Moleküle nachgewiesen werden.

An den Zentralbereich schließt sich als zweiter Bereich die Scheibe an. Ihr Radius liegt bei 50 000 Lichtjahren. Hier sind die Sternabstände im Mittel wesentlich größer als im Zentralbereich, und die Sterne sind meistens jünger. Sie sind nicht gleichmäßig verteilt; dichtere Sternansammlungen heben sich deutlich ab. Die Mitglieder solcher sogenannter offener Sternhaufen sind etwa gleichzeitig aus dem interstellaren Gas entstanden. Sie enthalten einige Dutzend bis zu mehreren Hundert Sternen. Etwa vierhundert solcher Sternhaufen wurden registriert; ihre Gesamtzahl in der Galaxis wird auf zwanzigtausend geschätzt. Die Plejaden, das Siebengestirn, und die Hyaden, das Regengestirn, liegen beide im Wintersternbild Stier und sind die bekanntesten dieser Sternhaufen. Die Griechen knüpften wieder eine Sage daran. Die Plejaden waren sieben Töchter des Atlas, jenes Burschen, der das Himmelsgewölbe tragen mußte. Der riesenhafte Jäger Orion - dem das wohl schönste Sternbild des Himmels gewidmet ist - verfolgte die Plejaden. Zeus spielte den Tugendwächter und rettete die keuschen Damen, indem er sie an den Himmel versetzte. Atlas hatte aber noch weitere sieben Töchter; das waren die Hyaden, von denen keine so rührende Geschichte bekannt wurde. Das Siebengestirn enthält keineswegs nur sieben, sondern rund zweihundert Sterne. Mit guten Augen sind aber nur sechs Sterne zu sehen. Die Griechen hatten es passend gemacht. Die Hyaden bestehen ebenfalls aus rund zweihundert Sternen.

In der Scheibe liegen riesige Gas- und Staubwolken. Betrachten wir das leuchtende Band der Milchstraße, bietet sich an manchen Stellen der Eindruck sternleerer Bereiche. Tatsächlich wird aber das Licht der dahinter stehenden Sterne von den Wolken verschluckt. Über den interstellaren Staub ist wenig bekannt. Die Teilchen sind jedenfalls winzig klein, weit unter einem Tausendstel Millimeter und damit viel kleiner als die Staubteilchen unserer industriebelasteten Luft. Unter noch nicht bekannten Bedingungen kann sich das Gas offensichtlich zu festen Teilchen kondensieren, also aus der Gasphase in die feste Phase übergehen. Der Staubanteil in den Wolken ist allerdings sehr gering; er liegt bei einem Prozent. Die Wolken bestehen also doch fast nur aus Gas, und das ist überwiegend Wasserstoff. Die Astronomen haben die Masse des Wasserstoffs in der Galaxis zu 1,4 Milliarden Sonnenmassen abgeschätzt, gegenüber einer Gesamtmasse der Galaxis von 100 bis

200 Milliarden Sonnenmassen. Die Dichte dieses Gases ist aber so gering, daß im Mittel nur ein Atom im Kubikzentimeter enthalten ist. Es sind die ungeheuren Dimensionen, die den Eindruck dichter Wolken vermitteln. Neben Wasserstoff sind auch Helium und in weit geringerer Konzentration die anderen Elemente im interstellaren Gas enthalten, ebenso eine ganze Reihe anorganischer und organischer Verbindungen, also Verbindungen mit dem Element Kohlenstoff.

Diese Gas- und Staubwolken sind die Geburtsstätten neuer Sterne. Sie können durch ihre vielfältige Strukturierung am Himmel eindrucksvolle Bilder bieten. Die jungen und heißen Sterne regen das Gas, in das sie eingebettet sind, zu hellem Leuchten an. Der Orionnebel und der Rosettennebel im Sternbild Einhorn (Monoceros) sind solche leuchtenden interstellaren Wolken *(Abb. 12)*.

Wenn oben gesagt wurde, die Galaxis sei ein Spiralsystem, so muß doch eingeschränkt werden, daß der Nachweis vorerst nur für die Nachbarschaft der Sonne existiert. Dieser Nachweis aber gelang durch die moderne Radioastronomie, welche die Strahlung des Wasserstoffs in den interstellaren Wolken messen konnte. Unsere Sonne steht 26 000 Lichtjahre vom Zentrum entfernt. Blicken wir in die Scheibe hinein, müssen wir mehr Sterne sehen, als wenn wir senkrecht zur Scheibe blicken. Das Band der Milchstraße mit seinen unzähligen Sternen ist jener Blick in die Scheibe. In allen anderen Richtungen sehen wir viel weniger Sterne, denn wir blicken aus der dünnen Scheibe hinaus in den unermeßlichen Raum; davor liegen nur die Sterne in unserer Nähe. Die ganze Scheibe des Milchstraßensystems rotiert um ihr Zentrum. Das erfolgt nach den bekannten Gesetzen der Mechanik. Die Schwerkraft zieht die Sterne nach dem Zentrum, während die Fliehkraft nach außen gerichtet ist. Beide Kräfte sind im Gleichgewicht *(Abb. 13)*. Das ist wie bei unserer Sonne und den Planeten. Innerhalb der Galaxis nimmt die Sonne mit einer Geschwindigkeit von 230 km/s an der allgemeinen Rotation teil, wobei sie in 200 Millionen Jahren einen vollen Umlauf zurücklegt. Da die Sonne etwa 4,5 Milliarden Jahre alt ist, müßte sie das Zentrum der Galaxis schon zwanzigmal umrundet haben.

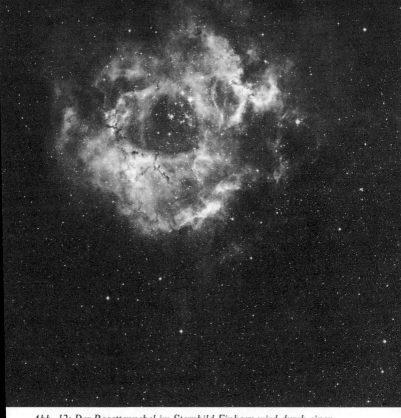

Abb. 12: Der Rosettennebel im Sternbild Einhorn wird durch einen jungen Sternhaufen in seiner Mitte zum Leuchten angeregt

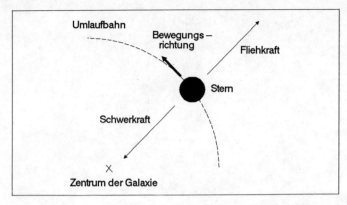

Abb. 13: Bewegung eines Sterns in einem Sternsystem nach den Gesetzen der Mechanik

Als dritten Bereich der Galaxis nennen wir den Halo, der die Form einer leicht abgeplatteten Kugel hat. Er umgibt die ganze Scheibe. Seine mittlere Massendichte ist geringer als die der Scheibe. Hier befinden sich in größeren Abständen vorwiegend ältere Sterne sowie die Hälfte aller rund 130 bekannten Kugelsternhaufen. Diese Sternassoziationen sind meistens sehr weit von uns entfernt. Die andere Hälfte der Kugelsternhaufen liegt in der Nähe der galaktischen Scheibe oder in dieser selbst. Um das galaktische Zentrum gruppieren sich ebenfalls viele Kugelsternhaufen. Ein Blick durch das Fernrohr lehrt uns, daß einige Lichtpunkte, die dem bloßen Auge als Stern erscheinen, in Wirklichkeit riesige Sternansammlungen sind: Kugelsternhaufen. Sie enthalten meistens mehr als 10 000 Sterne. Der hellste seiner Art ist Omega Centauri am Südhimmel, mit einem Durchmesser von 100 Lichtjahren und mehreren Hunderttausend Sternen. Am Nordhimmel ist M 13 im Sternbild Herkules mit bloßem Auge als Stern zu sehen, aber dieser Stern besteht aus mehreren Hunderttausend Sternen *(Abb. 14)*. Kugelsternhaufen nehmen an der allgemeinen Rotation der Galaxis kaum teil. Sie sind wahrscheinlich die ältesten Teile unseres Sternsystems, sollten sich also bald nach dem Urknall aus örtlichen Materieverdichtungen heraus gebildet haben. Erst später entstand die Scheibe. Ihre Erforschung kann daher wichtige Hinweise auf die Entstehung und Entwicklung der Galaxis, ja, des ganzen Universums geben. Sie zählen gegenwärtig zu den hauptsächlichsten Interessengebieten der Astronomen. Der Durchmesser des Halo wird mit 60 000 bis 70 000 Lichtjahren angegeben.

Die Kugelsternhaufen waren über viele Jahre auf dem

Abb. 14: Der Kugelsternhaufen M 13 im Sternbild des Herkules

Mount Wilson das Arbeitsgebiet Harlow Shapleys gewesen. Aus deren Verteilung im Raum hatte er auf die Struktur der ganzen Galaxis geschlossen. Aber Shapley war unerhört vielseitig. Sein Leben lang war er besonders stolz auf fünf Veröffentlichungen über Ameisen. Er hatte herausgefunden, daß zwischen der Lufttemperatur und der Laufgeschwindigkeit der Tierchen auf dem Berge ein linearer Zusammenhang besteht.

Im Jahre 1921 ging er an das Observatorium der Harvard-Universität in Cambridge/Massachusetts. Harvard wurde zum Mekka junger Astronomen. Shapley war ein glänzender Redner, und er setzte sein Talent nicht nur bei wissenschaftlichen Vorlesungen ein. Er nahm häufig an Konferenzen teil, die sich mit den Beziehungen zwischen Naturwissenschaft und Religion befaßten. In den dreißiger Jahren half er Flüchtlingen aus Europa. Er erhielt zahlreiche Ehrungen, darunter mehr als ein Dutzend Ehrendoktorate.

Nach dem Zweiten Weltkrieg war er entscheidend an der Gründung der UNESCO, der UN-Organisation für Erziehung, Wissenschaft und Kultur beteiligt. Er fuhr nach Moskau zu einer Zeit, als das wenig populär war. Als er auch noch an Veranstaltungen linker Organisationen teilnahm, wurde er unamerikanischer Aktivitäten beschuldigt, und Senator McCarthy nannte ihn einen Kommunisten. Im Jahre 1952 gab er die Leitung des Harvard-Observatoriums auf, reiste viel in der Welt umher und hielt Vorträge. Er starb 1972 im Alter von 87 Jahren. In einer Biographie wird er als ein Mensch bezeichnet, der sich ebenso hingebungsvolle Freunde wie erbitterte Feinde machen konnte, aber er war eine der faszinierendsten Persönlichkeiten des wissenschaftlichen 20. Jahrhunderts.

Wellen aus dem All

Wie so oft bei naturwissenschaftlichen Entdeckungen war es der Zufall, der am Anfang der für die Erforschung des Universums so außerordentlich bedeutsamen Radioastronomie stand. Von 1929 bis 1932 experimentierte in New Jersey der Ingenieur Karl Jansky im Auftrage der Bell Telephone Laboratories mit beweglichen Radioantennen. Er sollte im Hinblick auf den transozeanischen Funkverkehr Störungen untersuchen, die bei Gewittern auftreten können. Dabei bemerkte er in seinem Empfänger ein zusätzliches Rauschen, das immer zu einer bestimmten Tageszeit einsetzte oder, anders interpretiert, von der gleichen Stelle des Himmels kam. Jansky erkannte als Ursache dieses Rauschens eine Quelle außerhalb der Erde und lokalisierte sie im Sternbild Schütze, das ist die Richtung des Zentrums des Milchstraßensystems.

Janskys Arbeitgeber wollten am transozeanischen Funkverkehr verdienen, an jenen Wellen von irgendwoher aus der Milchstraße waren sie nicht interessiert. Immerhin, Reklame ist für das Geschäft gut. Also überraschte die Rundfunkgesellschaft ihre Hörer im Mai 1933 mit jenen Wellen aus dem All, indem sie die Geräusche auf den Sender gab. Das staunende Publikum vernahm so etwas wie ein unregelmäßiges Zischen. Bewunderung konnte weniger dieses Zischen hervorrufen als vielmehr die Vorstellung, daß die Quelle dieses Geräusches irgendwo weit jenseits des Sonnensystems liegt. Jedenfalls behauptete das der Ansager. Danach wurden die Hörer noch auf die Notwendigkeit erstklassiger Antennen aufmerksam gemacht, um statt jenes Zischens aus dem Weltraum das hervorragende Programm der Rundfunkgesellschaft zu empfangen.

Karl Jansky, der Entdecker jener Wellen, veröffentlichte eine Notiz in einer funktechnischen Zeitschrift: Astronomen lesen funktechnische Zeitschriften im allgemeinen nicht, und die Meldung blieb unbeachtet. Nur Grote Reber, ein junger Funkwellenamateur in einem Vorort von Chicago, der funktechnische Zeitschriften las, baute in seinem Garten für eigene 1300 Dollar, und das war damals für einen jungen Mann viel Geld, eine Antenne für den Empfang dieser Radiowellen aus dem Kosmos. Die Nachbarn beobachteten sein Tun, aber sie fanden es nicht außergewöhnlich. Sie glaubten, er wolle mit seinem Gerät Regenwasser sammeln. Reber konnte damit aber weitere Quellen von Radiostrahlung innerhalb der Milchstraße ausmachen. Der junge Mann arbeitete gut; er besuchte sogar eine Astronomie-Vorlesung an der Universität von Chicago. Schließlich packte er seine Himmelskarten, in die er die

Radioquellen eingezeichnet hatte, zusammen und brachte sie zum nächsten Observatorium. Er konnte bei einigen Astronomen Interesse erwecken, das »Astrophysical Journal« druckte sogar einen Aufsatz von ihm. Diese Zeitschrift wird von Astronomen üblicherweise gelesen, aber die Damen und Herren der Astronomie ließen sich durch die neuen Wellen nicht in ihrer Arbeit beirren.

Dann kam der Krieg, der auch Naturwissenschaftlern und Ingenieuren besondere Aufgaben stellte. Im Jahre 1942 wurde der Kristallograph Stanley Hey innerhalb von sechs Wochen zum Radiotechniker umgeschult. Er untersuchte dann alle Arten von Störungen bei den Radargeräten der britischen Armee. Eine dieser Störungen war nun keine Wunderwaffe des Feindes, Ursache war vielmehr die Sonne, die sich damit als Radiostrahler zu erkennen gab. Die Entdeckung wurde als kriegswichtig angesehen und daher geheimgehalten. Derselbe Hey schlug 1944 vor, Radargeräte an der Küste aufzustellen, um die zu erwartenden V2-Raketen frühzeitig zu orten. Der Vorschlag wurde innerhalb von sechs Wochen verwirklicht. Während der ersten Tage des V2-Beschusses konnte eine einzige Rakete ausgemacht werden, ein Fehlschuß, der frühzeitig niederging und beinahe die Empfangsanlage getroffen hätte. Nach Verbesserungen gelang es dann aber, jede der sich London nähernden Raketen zu beobachten, was übrigens wenig nützte; es mußte bei der bloßen Beobachtung bleiben. Aber wieder traten in den Empfangsgeräten Störungen auf. Es waren jene, die schon Jansky entdeckt hatte, und deren Ursachen im Zentrum der Milchstraße liegen.

Der eigentliche Siegeszug der Radioastronomie begann nach dem Kriege, 1946/47. Tatsächlich erreichen die Erde von überallher aus dem Kosmos Radiowellen. Der Mond sendet sie ebenso aus wie die Planeten. Bei den Sternen ist die Strahlung zwar vorhanden, aber so schwach, daß sie nicht nachgewiesen werden kann. Das gelingt nur bei heftigen Strahlungsausbrüchen und natürlich bei der Sonne, da sie so nahe steht. In der Entfernung des nächsten Fixsterns Proxima Centauri wäre auch von der Sonne keine Radiostrahlung zu empfangen. Radiowellen werden von den Gaswolken zwischen den Sternen ausgesendet, sie erreichen uns aber auch von den fernsten Galaxien. Die Durchmusterung des Himmels lieferte Tausende einzelner Radioquellen, die in vielen, aber bei weitem nicht allen Fällen mit optischen Objekten identifiziert werden konnten. Im Mittel werden Radiowellen aus viel größeren Entfernungen empfangen als die Wellen des sichtbaren Lichts. Der zur Erde gelangende Bereich dieses Teils des Spektrums liegt zwischen 1 cm und 20 m.

Zum Empfang der Radiostrahlung werden grundsätzlich die gleichen Antennenanordnungen verwendet wie bei irdischen Sendern. Praktisch bedient man sich bei den großen Radioteleskopen eines aus Blech oder Drahtnetz hergestellten Parabolspiegels, der wie bei den optischen Spiegeln die Radiowellen gebündelt auf den Brennpunkt wirft. Hier nimmt ein Dipol die Wellen auf. Zu den großen Nachteilen der Radioastronomie gehört das gegenüber der optischen Astronomie geringere Auflösungsvermögen, so daß die Position einer Radioquelle am Himmel nicht mit gewünschter Genauigkeit festgelegt werden kann. Häufig sind es mehrere optische Objekte, die einer Radioquelle zugeordnet werden könnten. Die Genauigkeit läßt sich in dem Maße verbessern, wie die Spiegel größer werden. Daher stehen überall in der Welt gewaltige Empfangsanlagen. Auf Puerto Rico in der Karibik wurde in einem Talkessel bei Arecibo mit Drahtnetzen eine Reflektorfläche von 305 m Durchmesser aufgespannt. Die riesige Anlage ist aber konstruktionsbedingt nur eingeschränkt beweglich. In einem Tal des Nordkaukasus wurde ein unbewegliches Radioteleskop »Ratan 600« mit 576 m Durchmesser in Betrieb genommen.

Seit Mai 1970 arbeitet das Max-Planck-Institut für Radioastronomie in Bonn nahe dem Dorfe Effelsberg in der Eifel mit dem größten vollbeweglichen Parabolspiegel der Welt *(Abb. 15)*. Das Gerät zählt zu den technischen Glanzleistungen unserer Zeit. Es ist 106 m hoch, der Parabolspiegel hat einen Durchmesser von 100 m, das Gewicht der Anlage liegt bei 3000 t. Das gewaltige Teleskop konnte in neue, vorher unerreichbare Weiten des Raumes – über 10 Milliarden Lichtjahre – vordringen.

Abb. 15: Das Radioteleskop bei Effelsberg in der Eifel

Die Radioastronomie bedient sich heute einer vielfältigen Empfangstechnik. So werden im Interesse eines hohen Auflösungsvermögens Empfangsanlagen an verschiedenen Orten »interferometrisch« zusammengeschaltet. Auf diese Weise arbeiten Radioastronomen in Amerika und Europa, einschließlich der Sowjetunion, zusammen. Das Auflösungsvermögen kann mit diesem sehr komplizierten Verfahren bis auf tausendstel Bogensekunden gesteigert werden.

Das menschliche Auge nimmt die Wellen in einem Bereich von $4\cdot 10^{-5}$ cm bis $7\cdot 10^{-5}$ cm auf. Es handelt sich hier offensichtlich um die physikalische Anpassung des Auges während einer viele Jahrmillionen andauernden Evolution, denn die Sonne strahlt bei einer mittleren Oberflächentemperatur von rund 6000° C gerade in diesem Wellenbereich die meiste Energie ab. In diesem Bereich liegt glücklicherweise auch jener Teil des Spektrums, der die Atmosphäre durchdringt. Allerdings ist der gesamte Durchlässigkeitsbereich noch wesentlich größer; er liegt zwischen $3\cdot 10^{-5}$ cm und $220\cdot 10^{-5}$ cm. Ein Teil des infraroten Bereichs gehört also noch dazu. Waren aber die Astronomen vergangener Jahrhunderte allein auf den sichtbaren Bereich des gesamten Spektrums beschränkt, hat sich das inzwischen grundlegend geändert. Heute holen sich die Astronomen ihr Wissen aus allen Wellenbereichen, welche die Informationen aus den Tiefen des Alls zu dieser unserer Erde tragen, von den Gamma- und Röntgenstrahlen, dem Ultraviolett, dem sichtbaren Licht, dem Infraroten bis hin zu den langen Radiowellen. Quellen all dieser Strahlungen sind die Galaxien mit ihren unzähligen normalen Sternen, Neutronensternen und möglicherweise Schwarzen Löchern, den Gas und Staubwolken und den vagabundierenden Einzelatomen und Molekülen.

Allerdings erreichen die Erdoberfläche ohne wesentliche Schwächung nur die beiden schon genannten Bereiche des sichtbaren Lichts und der Radiowellen. Der andere, viel größere Teil des Spektrums, wird innerhalb der Atmosphäre aus unterschiedlichen Gründen verschluckt, so daß Messungen dieser Wellen oberhalb der Atmosphäre von hochfliegenden Ballons und von Satelliten aus vorgenommen werden müssen.

Galaxien

Die eigentlichen Bausteine des Kosmos sind nicht die Sterne, es sind die Sternsysteme, die Galaxien.

Seit der Erfindung des Fernrohrs waren am Himmel in großer Zahl nebelartige Flecken entdeckt worden. Ihre Bezeichnung als »Nebel« ist daher von ihrem Aussehen her zu verstehen. Als Sternsysteme konnten sie zwar vermutet, zunächst aber nicht bewiesen werden. Zu jenen, die in ihnen Sternsysteme sahen, gleich oder ähnlich unserem heimatlichen Milchstraßensystem, gehörten Kant und der berühmte Astronom Friedrich Wilhelm Herschel.

Durch Hubble konnte diese Annahme 1924 mit Hilfe des 100-Zoll-Teleskops auf dem Mount Wilson bewiesen werden. Bald darauf gelangen ihm auch die ersten Entfernungsmessungen mit Hilfe eines pulsierenden Sterntyps, den δ-Cepheiden. Er bestimmte die Entfernung des Andromedanebels, der mit bloßem Auge als schwacher Nebelfleck im Sternbild der Andromeda beobachtet werden kann, mit 700 000 Lichtjahren. Diese Entfernung sollte über zwei Jahrzehnte ihre Gültigkeit behalten. Dann warf Walter Baade die ganze kosmische Entfernungsskala um. Das war eigentlich gut so, denn auf der Grundlage dieser Entfernungsskala existierte immer noch ein Weltall, dessen Alter von zwei Milliarden Jahren erheblich jünger als die Erde war.

Walter Baade kam 1893 in Bad Salzuflen (Lippe) zur Welt. Sein Vater war Protestant und Lehrer, und er wollte seinen Sohn zu einem Pfarrer machen, aber der Sohn entschied sich für die Astronomie. Nach dem Studium in Münster und Göttingen ging er 1919 an das Observatorium der Universität Hamburg in Bergedorf. Er entdeckte selbst einen Kometen und zwei Asteroiden. Schon 1926 war er einmal durch ein Rockefeller-Stipendium nach Amerika gekommen, fünf Jahre später erhielt er eine Einladung an das Mount-Wilson-Observatorium, wo die Teleskope groß und der Himmel klar waren.

Deutsch war einstmals die Sprache der Physiker gewesen. Nach dem verlorenen Ersten Weltkrieg hatte die deutsche Physik nichts von ihrem Glanz eingebüßt. Diese Zeit ging nun zu Ende. Physik war nicht mehr Theorie und Experiment mit wenigen Hilfsmitteln, die Physik benötigte für ihre Forschungsarbeit zunehmend kostspielige Geräte, und da war Amerika dem alten Europa überlegen. Die Wissenschaftler konnten es nur mit Neid sehen. Robert Millikan hatte 1911 die winzige elektrische Ladung eines einzelnen Elektrons messen können, und er erhielt dafür den Nobelpreis. Im Jahre 1921 wurde er an das California Institute of Technology, eine der berühmten amerikanischen Eliteschmieden, berufen. Röntgen, der einst mit geringem finanziellen und technischen Aufwand die Röntgenstrahlen gefunden hatte, konnte es nicht fassen. »Stellen Sie sich vor«, erzählte er aufgeregt seinen Kollegen, »Millikan hat einen Jahresetat von 100 000 Dollar!«

In der Astronomie zeigte sich die geänderte Situation deutlich bei den teuren Teleskopen; die größten Geräte standen in den Vereinigten Staaten. Der Nationalsozialismus beschleunigte die Entwicklung, da viele deutsche Wissenschaftler ihre Heimat verlassen mußten oder wollten: Albert Einstein, Erwin Schrödinger, James Franck und Max Born, um nur einige der berühmtesten Physiker zu nennen.

Walter Baade war durch die guten Arbeitsmöglichkeiten in Amerika angezogen worden. Bei Edwin Hubble auf dem Mount Wilson sollte er sich zwanzig Jahre lang mit dem Andromedanebel *(Abb. 4)* befassen, jenem uns nächstgelegenen wunderschönen Spiralnebel im Sternbild der Andromeda, seinerseits benannt nach der ihrerzeit ebenfalls wunderschönen Gattin des griechischen Helden Perseus. Er hatte die Königstochter aus Äthiopien vor einem Seeungeheuer retten können, indem er dieses totschlug. Perseus gab seinen Namen auch noch für ein Sternbild her.

Nach der halben Zeit jener zwanzig Jahre, die Walter Baade mit dem Andromedanebel zu tun hatte, traten die Vereinigten Staaten in den Krieg ein, und auch Astronomen mußten etwas angeblich Nützlicheres leisten. Hubble war Patriot, er meldete sich wieder freiwillig, und er dachte dabei an aktiven Dienst, sah sich aber plötzlich und zu seiner Unzufriedenheit als Ballistiker und Chef eines Überschallwindkanals. Walter Baade kam für solche Tätigkeit nicht in Frage; er war ja feindlicher Deutscher. Er wurde aber auf dem Mount Wilson belassen, wo er jedenfalls kein Unheil anrichten konnte. Er hatte nun hervorragende Arbeitsmöglichkeiten. Kaum jemand machte ihm das Teleskop streitig, und die Sichtverhältnisse waren ausgezeichnet, denn im nahen Los Angeles war vorsorglich Verdunkelung angeordnet worden. Baade arbeitete verbissen. Wild gestikulierend und unentwegt rauchend hockte er Nacht um Nacht vor dem Teleskop. Ab 1949 stand ihm auch das neue 5-m-Teleskop auf dem Mount Palomar zur Verfügung, aber erst 1952 konnte er mit dem Ergebnis seiner Arbeit an die Öffentlichkeit treten und nachweisen, daß den Kollegen seinerzeit bei der Entfernungsmessung ein Irrtum unterlaufen war. Der Nebel, der den Namen der schönen Andromeda trägt, ist nicht 700 000 sondern 2,2 Millionen Lichtjahre entfernt. In gleichem Maßstab mußten auch die Entfernungen der anderen Galaxien heraufgesetzt werden. Damit kam das Weltall aber in Ordnung, denn das Ergebnis beeinflußte über die neue Hubblekonstante auch das Weltalter, das nun nicht mehr jünger, sondern um einiges älter als die Erde war. Hubble war froh, daß der Widerspruch aufgelöst war, aber er empfand auch Enttäuschung, daß er diese Leistung nicht selbst vollbracht hatte. Es soll hier noch festgehalten werden, daß der Freiburger Alfred Behr zwei Jahre vor Baade vorgeschlagen hatte, die Entfernungen der Galaxien um den Faktor 2,2 zu vergrößern, aber Behr konnte die Astronomen nicht überzeugen.

Walter Baade kam 1958 nach Deutschland zurück und übernahm eine Professur in Göttingen. Er starb 1960. Sein Leben lang hatte er lieber beobachtet als veröffentlicht, so daß manches in seinem Schreibtisch liegenblieb. Der große britische Astronom Fred Hoyle sagte von ihm: »Fast jede von Baades Arbeiten hatte weitreichende Konsequenzen.«

Fotografien von Galaxien beeindrucken immer wieder. Jene »Welteninseln«, wie sie erstmals von Alexander von Humboldt in seinem 1850 erschienenen »Kosmos« genannt wurden, bieten sich uns in einer Vielfalt der Form, der Größe und der Schönheit dar. Am eindrucksvollsten sind hier die »Spiralnebel«, flache, spiralförmige Sternsysteme, zu welchem Typ ja auch das Milchstraßensystem gehört. Für den einfachen Beobachter ist das nicht zu erkennen, da wir uns inmitten der Menge der Sterne befinden. Demgegenüber zeigt der Andromedanebel deutlich die Struktur einer Spirale. Dieses zu den ganz großen zählende Sternsystem dürfte zwischen 200 und 400 Milliarden Sterne enthalten, bei einem Durchmesser von 125 000 Lichtjahren. Die Andromedagalaxie sollte damit etwa doppelt so groß wie das Milchstraßensystem sein.

Abb. 16: Die Spiralgalaxie M 51 mit dem irregulären Begleiter NGC 5195

Abb. 17: Die Spiralgalaxie NGC 4565

Natürlich sehen wir die flachen Scheiben der Spiralnebel unter allen denkbaren Beobachtungswinkeln. Können wir wie bei M 51 direkt auf die Scheibe sehen, sind die Spiralarme deutlich zu erkennen *(Abb. 16)*. Ein andermal aber sehen wir das Spiralsystem von der Kante„ wie bei NGC 4565 *(Abb. 17)*. Neben den gewissermaßen »normalen« Spiralen kennen wir die Balkenspiralen, bei denen aus dem Kern zunächst zwei entgegengesetzte, annähernd gerade Balken heraustreten, von deren Enden die Spiralarme abgehen *(Abb. 18)*. Die Spiralarme sind nicht immer so deutlich zu erkennen wie bei M 51; häufig spalten sie sich auf, oder sie sind nur mit Mühe als Spiraltyp zu erkennen *(Abb. 19)*. Zum Zentrum hin nimmt die Sterndichte deutlich zu. Außer Sternen sind in den Galaxien große dunkle Gas- und Staubwolken zu beobachten, die das Licht der dahinterliegenden Sterne verschlucken *(s. Abb. 32)*.

Die Spiralgalaxien rotieren wie Scheiben um ihre Achse. Allerdings dürfen wir den Vergleich nicht zu eng sehen, denn die Sternsysteme rotieren nicht als starre Scheiben, was bei einem Konglomerat von Sternen, Sternhaufen, Gas und Staub auch kaum zu erwarten ist. Als nahezu starre Gebilde rotieren die Spiralarme. Sie verhalten sich also keineswegs wie Fäden, die sich um das Zentrum herumwickeln. Die Sterne rotieren auf annähernden Kreisbahnen schneller als die Spiralen. Sie treten an der inneren Seite in die Spiralen ein, durchlaufen sie und treten an der äußeren Seite wieder heraus *(Abb. 20 und 10)*. Die Spiralarme sind so etwas wie Verdichtungswellen innerhalb der Galaxie. Das Gas wird an diesen Stellen verdichtet, und das begünstigt die Entstehung neuer Sterne. Die Spiralarme sind die Orte der Sternentstehung. Die jungen Sterne sind sehr heiß und regen das umgebende Gas zum Leuchten an, so daß die Spiralen hell hervortreten. Wenn sich die Sterne schon etwas abgekühlt haben und somit schwächer leuchten, treten sie an der anderen Seite aus den Spiralen aus.

Die Spiralsysteme zählen meistens zu den großen Sternsystemen, ihre Zahl wird aber von den elliptischen Galaxien übertroffen *(Abb. 21)*. Sie kommen sogar im Kosmos weitaus am häufigsten vor. Elliptische Systeme sind meistens nicht so stark abgeplattet wie die Spiralsysteme, dennoch gibt es den

Abb. 18: Die Balkengalaxie NGC 1365

Abb. 19: Die Spiralgalaxie M 33

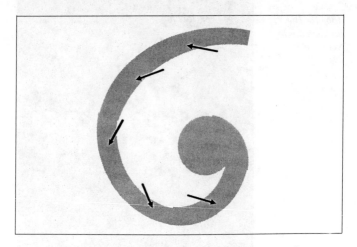

Abb. 20: Die Bewegung der Sterne durch den Spiralarm der Galaxie

Sonderfall der kugelförmigen elliptischen Galaxien ebenso wie den der flachen Scheiben. Elliptische Galaxien zeigen aber keine Spiralstruktur, auch die flachen Scheiben dieses Typs nicht. Sie enthalten auch viel weniger Gas und Staub als die Spiralsysteme, dafür meistens alte Sterne. Neue Sterne können sich offensichtlich nur noch in geringer Zahl bilden, da das Material hierfür knapp geworden ist. Die Größe der elliptischen Systeme variiert innerhalb eines weiten Bereichs. Zu diesem Typ gehören die beiden deutlich sichtbaren kleinen Begleiter des Andromedanebels *(Abb. 4)*. Ihre Durchmesser liegen bei 2 000 und 8 000 Lichtjahren mit mehreren Milliarden Sternen. Gerade unter den elliptischen Galaxien finden sich aber auch eindrucksvolle Riesengalaxien, welche die Spiralsysteme an Größe und Zahl der Sterne weit übertreffen. Elliptische Riesengalaxien können Tausende Milliarden Sterne enthalten. Sie rotieren wenig oder sichtbar gar nicht.

Die dritte Art der unregelmäßigen oder irregulären Galaxien zeigt keine sichtbare Form oder Struktur. Ihre Größe kann wie bei den anderen beiden Galaxientypen stark variieren, die meisten sind aber verhältnismäßig klein, und die großen unter ihnen erreichen nicht die Größe der Riesen unter den elliptischen und spiralförmigen Systemen. Zu den irregulären Systemen zählen die Große und die Kleine Magellansche Wolke, die leicht mit bloßem Auge am Südhimmel beobachtet werden können *(Abb. 22* und *30)*. Die Durchmesser werden mit 20 000 und 10 000 Lichtjahren angegeben, und sie enthalten einige Milliarden Sterne. Sie sind 170 000 und 200 000 Lichtjahre entfernt, und das muß als ausgesprochen nahe für kosmische Maßstäbe bezeichnet werden. Die Große Magellansche Wolke nimmt am Himmel eine Ausdehnung von 18 Vollmondbreiten ein.

Die großen Spiralgalaxien ebenso wie die elliptischen Riesengalaxien genießen erwartungsgemäß das größte Interesse der Fachleute wie der Laien. Zahlenmäßig weitaus am häufigsten im Universum aber sind die kleinen Galaxien. »Klein« ist wie alles im Kosmos relativ, denn Sternsysteme mit weniger als 20 000 Lichtjahren Durchmesser werden als »Zwerggalaxien« bezeichnet. Viele dieser Systeme haben nur

Abb. 21: Beispiel elliptischer Galaxien (M 49)

Abb. 22: Die Kleine Magellansche Wolke

einige hundert Lichtjahre Durchmesser mit wenigen Millionen Sternen. Diese kleinen Dinger sind in größeren Entfernungen nicht mehr zu sehen, auch nicht mit starken Teleskopen.

Es gibt viele Milliarden Galaxien im Weltall, namenlos die weitaus meisten, unerforscht und unbenannt.

Aber was bedeutet M 51?

Es heißt Messier 51. Diese Nebel waren den Astronomen einstmals viel weniger interessant als die leuchtenden Kometen *(Abb. 23)*. Sie sind Elemente des Sonnensystems; sie umkreisen auf Bahnen mit sehr unterschiedlicher Umlaufzeit die Sonne. Kometen sind zwar selten, sie können aber mit bloßem Auge gesehen werden. Sie erregten die Furcht der Menschen, denn jedermann wußte, ihr Erscheinen bringt Unglück über die Welt. Das läßt sich durch zahlreiche Beispiele aus der Geschichte belegen. Als die Goten 400 n. Chr. Konstantinopel plünderten, geschah es unter dem Zeichen eines Kometen. Im Jahre 451 tobte auf den Katalaunischen Feldern die Schlacht zwischen den Römern und ihren Verbündeten und den Hunnen; am Himmel stand der Halleysche Komet.

Abb. 23: Der Halleysche Komet des Jahres 1986 konnte nur auf der Südhalbkugel beobachtet werden.

Das ereignete sich auch 1066 während der Schlacht bei Hastings, nach dem Einfall der Normannen in England. Ludwig der Fromme, römisch-deutscher Kaiser, ließ sich 837 durch einen Kometen zum Bau zahlreicher Kirchen und Klöster veranlassen; zwei Jahre später starb er aus Furcht vor einer Sonnenfinsternis. Karl V. hielt den Kometen des Jahres 1556 für einen Vorboten seines Todes und dankte ab. Zumindest hat das Erscheinen des Kometen seinen Entschluß gefördert.

Kometen sagten Kriege, Mißernten, die Pest und was es da an Verderbnissen gab, voraus. Frauen erschraken vor Kometen und brachten Kinder mit dem Abbild des Kometen am Körper zur Welt. Mißgeburten, die während der Sichtbarkeit eines Kometen das bekannte Licht der Welt erblickten, wurden diesem zur Last gelegt. War ein Komet zu sehen, konnte ihm getrost jegliches Unheil in den Schweif geschoben werden. Im Jahre 1668 kündigte ein Komet ein großes Katzensterben in Westfalen an.

Mit der Schaffung einer wissenschaftlichen Himmelsmechanik im 18. Jahrhundert verloren die Kometen viel von ihrem Schrecken. Als Friedrich der Große im Jahre 1759 bei Kunersdorf, wenige Kilometer östlich von Frankfurt an der Oder, eine Schlacht gegen die Österreicher verlor, kamen die Preußen nicht auf den Gedanken, die Niederlage dem Halleyschen Kometen am Himmel zuzuschreiben. Und dennoch! Im Jahre 1773 war vor der Pariser Akademie ein Vortrag über Kometen, die der Erde nahekommen, vorgesehen. Diese Mitteilung mußte in letzter Minute unterbleiben, da die Tagesordnung bereits besetzt war. Daraufhin verbreitete sich das Gerücht, der Vortragende wollte den Zusammenstoß der Erde mit einem Kometen für den 12. Mai vorhersagen, die Polizei habe ihn aber daran gehindert. Kein Dementi vermochte die Angst der Pariser zu besänftigen. Sie beruhigten sich erst, als der Unglückstag ohne Weltuntergang verstrichen war. Im Jahre 1858 wurde in Wien eine feierliche Prozession abgehalten, um die Gefahr, die vom Donatischen Kometen drohen sollte, abzuwenden. Als Berechnungen ergaben, daß die Erde am 19. Mai 1910 den Schweif des Halleyschen Kometen passieren würde, griff noch einmal Angst um sich. Aber nichts geschah. Der

Durchgang der Erde durch den Schweif wurde überhaupt nicht bemerkt.

Kein Wunder, daß die Kometen das Interesse der Astronomen vor allem anderen fesselte. Der Franzose Charles Messier jagte ebenfalls hinter diesen gefährlichen Kometen her. In Sonnennähe bieten sie zwar eindrucksvolle Bilder, in Sonnenferne aber sind sie viel unscheinbarer und gleichen Nebelflekken, so daß die Kometenjäger immer wieder von diesen banalen Nebeln genarrt wurden. Messier wollte den Kollegen ein Instrument in die Hand geben, mit dem sie gleich feststellen konnten, daß sie leider wieder einen jener Nebelflecken und keinen Kometen im Fernrohr hatten. Er brachte es 1784 auf gut hundert Nebel, wobei der Katalog alles enthält, was nebelhaft aussieht: Sternsysteme, Gasnebel und Kugelsternhaufen. Der Andromedanebel trägt die Bezeichnung M 31 oder NGC 224, und NGC ist der »New General Catalogue« des Dänen Johann Dryer aus dem Jahre 1888 mit fast 8000 Nebeln und Sternhaufen. Hundert Jahre nach Messier hatten diese Nebel stark aufgeholt; die Astronomen beschäftigten sich nun intensiv mit ihnen.

Galaxienhaufen

Die Kosmologen gehen bei ihren Berechnungen auf der Grundlage der Allgemeinen Relativitätstheorie davon aus, daß das Weltall homogen und isotrop ist. Die Materie soll also gleichmäßig verteilt sein. Das gilt ganz gewiß nicht für kleine Bereiche. Die Materie ist in Sternen zusammengeballt, und diese wiederum konzentrieren sich in riesigen Sternsystemen. Zwischen diesen Sternsystemen aber finden sich nach heutigen Erkenntnissen nur wenige Atome. Wenn wir daher von einem homogenen und isotropen Weltall sprechen, kann es sich günstigstenfalls darum handeln, daß die Galaxien etwa gleichmäßig verteilt sind.

Aber das ist auch nicht der Fall. Die Astronomen hatten schon bald bemerkt, daß in manchen Himmelsgegenden auffallend viele und andernorts nur wenige Galaxien zu beobachten sind. Die Galaxien bilden Ansammlungen, die Gruppen genannt werden, wenn die Zahl der Galaxien nur klein – bis zu einigen Dutzend – ist. Größere Ansammlungen werden als Haufen bezeichnet. Große Haufen enthalten Tausende von Galaxien. Das Weltall wiederum ist angefüllt mit Tausenden von Galaxiengruppen und -haufen. Mindestens die Hälfte aller Galaxien ist in solchen Ansammlungen konzentriert. Unser Milchstraßensystem und der Andromedanebel gehören der »Lokalen Gruppe« an, ebenso die Große und die Kleine Magellansche Wolke. Die ganze Gruppe besteht aus rund 30 Galaxien mit etwa 500 Milliarden Sternen bei einem Durchmesser von 6 Millionen Lichtjahren. Milchstraßensystem und Andromedanebel steuern 70% zur Gesamtmasse bei. Die meisten Galaxien der lokalen Gruppe sind wie überall im Universum Zwerggalaxien.

Solche kleineren Galaxienverbände wie die lokale Gruppe sind am häufigsten. Nur ein Zehntel aller Galaxien ist in Haufen mit mehr als tausend Einzelgalaxien organisiert. Der große Virgohaufen steht in einer Entfernung von 60 Millionen Lichtjahren. Sein Name erklärt sich daraus, daß er im Sternbild Jungfrau beobachtet wird. In einem Gebiet mit einem Durchmesser von 15 Millionen Lichtjahren enthält er rund 2500 Galaxien *(Abb. 24)*. In seinem dichteren Zentralbereich haben die Galaxien im Mittel nur einige Hunderttausend Lichtjahre Abstand, und das ist wenig, wenn man bedenkt, daß der Abstand zwischen Galaxis und Andromedanebel gut zwei Millionen Lichtjahre beträgt. Der große Haufen im Sternbild Coma – viel schöner »Haar der Berenike« genannt – ist 400 Millionen Lichtjahre entfernt. Er besteht aus mehreren Tausend Galaxien in einem Raum von 10 Millionen Lichtjahren Durchmesser.

Das »Haar der Berenike« geht auf die Frau des ägyptischen Königs Ptolemäus III., mit dem Beinamen der »Wohltäter«, zurück. Berenike opferte ihr angeblich goldenes Haar den Göttern, um den Sieg des ägyptischen Heeres in irgendeinem Krieg und die Rückkehr des Gatten zu erflehen. Das goldene Haar verwandelte sich aber in Sterne, das »Haar der Berenike«.

Galaxienhaufen sind kosmische Strukturen, die weit jenseits menschlichen Vorstellungsvermögens liegen. Es ist kaum zehn

Abb. 24: Das Zentrum des Virgohaufens. In der linken unteren Ecke die elliptische Riesengalaxie M 87

Jahre her, daß die Astronomen glaubten, der Kosmos wäre gleichmäßig, wenn auch nicht mit Galaxien, so doch mit Galaxienhaufen angefüllt. Neueste Forschungsergebnisse haben diese Meinung aber radikal verändert. Die Astronomen wissen nun, daß sich im Weltall gigantische Haufen aus Galaxienhaufen, also Superhaufen, mit ebenso riesigen Räumen abwechseln, die nur wenige oder gar keine Galaxien enthalten.

Die Ermittlung von Strukturen, die als Haufen und Superhaufen bezeichnet werden, ist eine gewaltige Aufgabe. Die Verteilung der Galaxien quer zur Beobachtungsrichtung kann relativ leicht durch die Fotografie erfaßt werden, schwierig aber ist die Bestimmung der dritten Dimension, also die Entfernung der Galaxien und Galaxiengruppen von unserem Beobachtungsort. Der Weg ist vorgeschrieben; aus der Messung der Rotverschiebung der Spektrallinien wird auf die Fluchtgeschwindigkeit der Galaxien und weiter auf die Entfernung geschlossen. Galaxiengruppen und -haufen zeigen eine weitgehende Gleichheit ihrer Fluchtgeschwindigkeiten. Sie können als eine kosmologische Einheit angesehen werden. Die einzelnen Galaxien bewegen sich um ihren gemeinsamen Schwerpunkt, und sie werden durch die Schwerkraft zusammengehalten. Die Superhaufen aber sind keine durch die Schwerkraft zusammengehaltenen Einheiten mehr, die Superhaufen dehnen sich mit dem expandierenden Raum.

Die Zahl der Galaxien, deren Spektren untersucht werden müssen, ist groß, sehr groß. Superhaufen sind viel schwerer als solche zu erkennen als Haufen. Die äußeren Grenzen der Galaxienhaufen sind nicht scharf, die einzelnen Gruppen und Haufen nicht deutlich gegeneinander abgegrenzt. Eine zunächst abnehmende Galaxiendichte innerhalb eines Haufens kann wieder zunehmen, um sich danach zu einem neuen Haufen oder einer relativ galaxienarmen Gruppe zu verdichten. Galaxienhaufen können auch über den Raum hinweg durch eine dünne Kette von Galaxien verbunden sein. Der Superhaufen im Sternbild Herkules erstreckt sich über 260 Millionen Lichtjahre. Sechs große Haufen werden über zahlreiche Einzelgalaxien miteinander verbunden. Auf solche Weise können Dutzende von Haufen zu einem Superhaufen vereinigt sein, aufgereiht wie Perlen an einer Kette. Das Wort »Haufen« assoziiert unwillkürlich eine etwa kugelförmige Anordnung. Für die eigentlichen Haufen trifft das auch zu. Die Strukturen der größten bisher entdeckten Superhaufen sind aber eher schalen- und filamentartig.

Die Lokale Gruppe gehört zu einem Superhaufen, der um den 60 Millionen Lichtjahre entfernten Virgohaufen angeordnet ist. Die Gruppe liegt etwas am Rande des vermuteten Superhaufens, zu dem noch rund fünfzig weitere Gruppen gehören. Zwischen den Gruppen liegen verstreut Tausende von Einzelgalaxien. Die gesamte Ausdehnung des lokalen Superhaufens liegt bei 100 Millionen Lichtjahren.

Der größte bekannte Superhaufen zieht sich als ein Band von vielen Einzelgalaxien und sechzehn Haufen über die Sternbilder Perseus und Pegasus hin mit einer Länge von mehr als einer Milliarde Lichtjahren. Dieses Haufenband ist von drei Leerräumen von jeweils 300 Millionen Lichtjahren Durchmesser umgeben. In diesen »Leerräumen« werden nur wenige Galaxien gefunden. Das Vorkommen größerer galaxienarmer Gebiete, also Lücken zwischen den Superhaufen, ist ebenso charakteristisch für die Struktur der Welt im Großen wie die Superhaufen. Eine sehr große Lücke von 250 Millionen Lichtjahren wurde im Sternbild Bärenhüter gefunden, eingefaßt von unzähligen Galaxien. Im allgemeinen liegen solche Lücken aber in der Größenordnung von 100 Millionen Lichtjahren.

Die eigenartige Struktur von Schnüren und Schalen mit dazwischen liegenden Leerräumen hat die Astronomen von »Blasen« sprechen lassen. Die Galaxien und Haufen stehen an der Oberfläche von riesigen, galaxienarmen Leerräumen. Anders, aber nicht weniger anschaulich ausgedrückt: Das Universum gleicht einem Schweizer Käse mit beachtlichen Dimensionen.

Die Entdeckung der Superhaufen gehört zu den aufregendsten Kapiteln der neueren Astronomie. Über ein Dutzend Superhaufen sind inzwischen bekannt, aber erst weniger als ein Prozent des überschaubaren Raumes konnten bisher durchforscht werden. In diesem Bereich aber sind schon mehr als eine Million Galaxien enthalten.

Daher ist vorerst auch nicht die Frage zu beantworten, ob das gesamte Universum ein einziges zusammenhängendes

Muster bildet. Soviel aber kann heute schon gesagt werden: Wir können nicht so ohne weiteres davon sprechen, daß das Universum gleichmäßig mit Galaxien, also mit Materie angefüllt sei. Jedenfalls müssen wir für eine solche Aussage Dimensionen in Betracht ziehen, die erheblich über der Ausdehnung eines einzelnen Superhaufens liegen. Wir können dann von einer näherungsweise homogenen und isotropen Massenverteilung im Weltraum sprechen, wenn der betrachtete Raum mindestens eine Ausdehnung von einer Milliarde Lichtjahren hat. Die Physiker aber müssen noch eine Erklärung für diese seltsame löcherige Struktur finden.

KAPITEL 4

DRAMATIK IM WELTALL

Novae und Supernovae

Sterne sind Sonnen wie unsere Sonne auch, aber das soll nicht heißen, daß alle Sterne physikalisch gleich oder auch nur ähnlich sind. Sie unterscheiden sich ganz erheblich in Größe, Farbe, Oberflächentemperatur und Leuchtkraft. Blaue Sterne sind heiß, rote relativ kühl. Die Oberflächentemperaturen blauer Sterne können 50 000 Grad überschreiten, rote Sterne weisen oft nur 3000 Grad auf. Die Oberflächentemperatur der Sonne beträgt 5700 Grad. Die hellsten Sterne strahlen hunderttausendmal soviel Energie wie unsere Sonne ab. Die Leuchtkraft eines Sterns hängt nicht nur von dessen Temperatur ab; die Größe des Sterns spielt hier selbstverständlich auch eine Rolle.

Die Astronomen haben Sterne entdeckt, deren Radius nur ein Hundertstel des Durchmessers der Sonne mit 1 390 000 km beträgt, aber mit Materiedichten, die millionenmal so groß wie bei der Sonne sind, nämlich 1000 Kilogramm im Kubikzentimeter; das sind die »Weißen Zwerge«, deren Temperatur auch viel höher als bei der Sonne ist. Demgegenüber kann ein »Roter Riese« einen hundertfachen Sonnendurchmesser und eine Dichte von nur wenigen Millionstel Gramm im Kubikzentimeter haben *(Abb. 25).* Die Oberflächentemperaturen der Riesen sind niedrig, etwa 3000 bis 4000 Grad.

Sterne sind dünn gesät. Denken wir uns die Sonne im Verhältnis 1 : 1000 Milliarden verkleinert, hätte sie einen Durchmesser von 1,4 mm, etwa soviel wie auf *Abb. 25.* Die 0,013 mm große Erde umkreiste diese Mini-Sonne in einem Abstand von 15 cm. Der nächste Fixstern Proxima Centauri aber wäre 40 km entfernt. Führen wir das Modell maßstabsgerecht weiter, müßten wir dem Milchstraßensystem einen Durchmesser von einer Million Kilometer geben, und der etwa

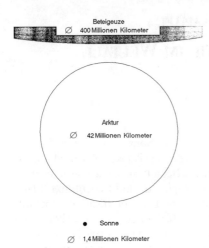

Abb. 25: Die Größe der Sonne im Vergleich mit den Roten Riesensternen Beteigeuze und Arktur

gleich große Andromedanebel stünde über 20 Millionen Kilometer entfernt. So steigern sich die Größen im Weltall.

Viele der Sterne sind zu Doppel- und Mehrfachsystemen vereinigt, wobei die Komponenten des Systems um ihren gemeinsamen Schwerpunkt kreisen. Fällt die Bahnebene mit unserer Blickrichtung zusammen, können sich die Einzelsterne des Systems zeitweise verdecken, so daß wir eine Schwankung des Lichts wahrnehmen. Algol im Sternbild des Perseus ist der wohl bekannteste Doppelstern. Jedermann kann beobachten, wie dieses uns als Stern erscheinende System im Abstand von knapp drei Tagen einmal mehr, einmal weniger hell erscheint. Die Verfinsterung dauert zehn Stunden. Andere Systeme, deren Komponenten weiter voneinander entfernt sind, weisen Perioden von Jahren auf.

Algol ist ein Stern mit Vergangenheit. Die Juden nannten ihn »Haupt des Teufels«, die Araber »Dämon« - Râs al ghûl - woraus »Algol« wurde. Die Griechen sahen in dem Stern das Haupt der Medusa. Das Frauenzimmer mit den Schlangenhaaren wurde auch Gorgo genannt. Ihr fürchterlicher Anblick ließ die Sterblichen zu Stein erstarren. Wir stoßen noch einmal auf Perseus, den gewaltigen griechischen Helden, der sich Andromeda erkämpfte, indem er ein fürchterliches Seeungeheuer besiegte. Der Bursche kämpfte überall für das Gute, und so schlug er auch der Medusa den häßlichen Kopf ab. Der Umwandlung zu Stein entging er mit Hilfe der Götter, die ihm einen Zauberschild geschenkt hatten. Er betrachtete das Weib niemals direkt, immer nur indirekt als Spiegelbild des Schildes. Ein so gewaltiger Held hatte es jedenfalls verdient, als Sternbild verewigt zu werden *(Abb. 26)*.

Sternphysik ist ein wichtiges und sehr kompliziertes Gebiet. Wir möchten wissen, wie so ein riesiger feuriger Gasball entstanden ist, warum er stabil ist und welche Entwicklung er während seines Millionen und Milliarden währenden Lebens durchmacht. Wir können Sterne nicht in ihrer Entwicklung beobachten, wir sehen sie nur in einem Moment ihres Daseins, aber wir beobachten viele Sterne in einem unterschiedlichen Entwicklungsstadium, wir können vergleichen, und wir kön-

Abb. 26: Doppelsternhaufen im Sternbild Perseus

nen die Theorien der Physik auf das Modell eines Sterns anwenden. Dennoch kann manche Frage noch nicht sicher beantwortet werden.

Sterne sind stabil, weil die eigene, nach innen gerichtete Schwerkraft und der nach außen gerichtete Gasdruck im Gleichgewicht sind. Die Energie für die Aufheizung des Gases im Innern wird durch die Kernverschmelzung geliefert, wobei aus vier Wasserstoffkernen ein Heliumkern aufgebaut wird. Dieser Prozeß setzt so viel Energie frei, daß ein »normaler«, ursprünglich überwiegend aus Wasserstoff bestehender Stern, über Milliarden Jahre strahlen kann, wie unsere Sonne schon Milliarden Jahre strahlt und so die Voraussetzungen bietet, daß auf einem Planeten Leben entstehen und sich entwickeln konnte. Im Verlauf dieser Zeit schiebt sich vom Mittelpunkt des Sterns her eine Kugel von Helium schalenförmig nach außen *(Abb. 27)*. Druck, Temperatur und Dichte sind im Sterninnern sehr hoch. Ein Kubikzentimeter enthält 100 Gramm Materie; die Temperatur liegt bei 13 Millionen Grad, und der Druck beträgt Milliarden von Atmosphären – Zustände, wie wir sie auf der Erde nicht verwirklichen können.

Die Energie wird einmal durch Strahlung zur Sternoberfläche transportiert, zum anderen bringen Strömungen im Stern heiße Materie zur Oberfläche, während kühlere Materie von der Oberfläche ins Innere sinkt. Energieerzeugung und Energieabgabe müssen gleich sein. Größe, Oberflächentemperatur, Dichte und Leuchtkraft stehen im Zusammenhang.

Ist der Wasserstoffvorrat des Sterns erschöpft, geht die Energieerzeugung im Innern zurück. Diesen Zustand wird die Sonne in fünf Milliarden Jahren erreichen. Der Druck im Innern nimmt nun ab; die Schwerkraft gewinnt die Oberhand, und der Stern zieht sich zusammen. Dadurch steigen Druck und Temperatur aber wieder an. Nun herrschen 100 Millionen Grad im Sterninnern. Die Werte reichen aus, daß Helium zu Kohlenstoff zusammengefügt werden kann. Während dieser Vorgänge war zwar der Druck im Innern ständig gestiegen, nach außen hin nimmt er nun aber schneller ab als vorher, was zur Folge hat, daß sich der Stern aufbläht. Er wird zum Roten Riesen mit stark vergrößertem Volumen und damit vergrößer-

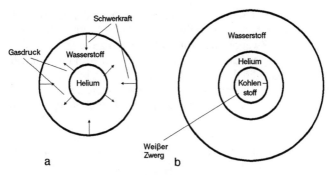

*Abb. 27: Zwei Stadien einer Sternentwicklung (nicht maßstabsgerecht)
a) früher Zustand eines Sterns (wie gegenwärtig bei der Sonne);
b) später Zustand eines Sterns (ein Roter Riese)*

ter Oberfläche, aber niedrigerer Temperatur, etwa 3000 Grad. Im Innern eines solchen nunmehr alten Sterns aber hat sich ein verhältnismäßig kleiner Kohlenstoffkern höchster Dichte gebildet *(Abb. 27)*. Irgendwann, entweder ruhig oder explosiv, das ist noch nicht ganz klar, stößt der Stern seine äußere Gashülle ab, und der kompakte Kern wird freigesetzt. Dieser Kern aber ist seit langem unter dem Namen »Weißer Zwerg« bekannt. Weiße Zwerge sind im Universum reichlich vorhanden. Die nächsten Sterne dieser Art sind nur einige Lichtjahre entfernt. Der bekannte helle Sirius steht in einer Entfernung von neun Lichtjahren. Er ist eigentlich ein Doppelstern, der aus einem normalen Stern und einem Weißen Zwerg mit einer Masse wie unsere Sonne besteht. Diese Sterne sind sehr heiß, mit Temperaturen über 15000 Grad, ihr Radius liegt bei nur 10000 km (Sonne 696000 km), die Dichte aber wurde zu 1000 Kilogramm im Kubikzentimeter ermittelt. Wichtige Erkenntnisse über Weiße Zwerge verdanken wir dem Inder Subrahmanyan Chandrasekhar, der für seine Arbeiten 1983 den Nobelpreis für Physik erhielt.

Die »Planetarischen Nebel« ähneln in kleinen Fernrohren häufig den Scheibchen von Planeten, mit denen sie aber gar nichts zu tun haben. Der Name ist daher irreführend, denn die Objekte stehen weit jenseits unseres Planetensystems in der

Entfernung der anderen Sterne. Die Gasnebel dehnen sich aus, und etwa in ihrer Mitte stehen kleine heiße Sterne, offensichtlich Weiße Zwerge oder zumindest Sterne, die sich auf dem Wege dahin befinden. Sie regen ihren Nebel zum Leuchten an. Wir beobachten bei den Planetarischen Nebeln also einen Vorgang, wie ein Weißer Zwerg seine äußere Hülle abstößt. Etwa tausend solcher Planetarischer Nebel sind bekannt *(Abb. 28)*.

Ein Stern von mindestens fünf Sonnenmassen – der genaue Wert ist umstritten – macht eine sehr schnelle Entwicklung durch. Er gibt ungeheure Energiemengen ab; schon nach einigen Millionen Jahren ist sein Wasserstoffvorrat erschöpft. Der Druck läßt wieder nach, und die innere Gravitation preßt den Stern zusammen. Die größere Masse des Sterns führt zu noch höherem Druck und noch höherer Temperatur als bei einem Stern normaler Größe, wie es unsere Sonne ist. Der Kohlenstoff kann daher zu noch schwereren Elementen zusammengefügt werden: Sauerstoff, Neon, Silizium. Die Temperatur steigt auf mehrere Milliarden Grad. Die Energieausbeute wird aber immer geringer, und beim Eisen ist Schluß. Die Kernfusion liefert keine Energie mehr, im Gegenteil, sie würde noch Energie benötigen. Der Stern hat seine Energie verbraucht. Der Wasserstoff ist bei den hohen Temperaturen längst in Protonen und Elektronen zerfallen, und dieses Gemisch verhält sich trotz der hohen Dichte von hundert Gramm Materie und mehr im Kubikzentimeter wie ein Gas. Der Gasdruck kann nun aber der eigenen Schwerkraft des Sterns nicht mehr standhalten. Der Stern wird unaufhaltsam zusammengepreßt. Die positiv geladenen Protonen und die negativ geladenen Elektronen vereinigen sich bei den ungeheuren Drücken zu elektrisch neutralen Neutronen (daher der Name), und es entsteht ein schnell rotierender Neutronenstern mit einem Radius in der Größenordnung von nur zehn Kilometern. Die Materie erreicht dabei unvorstellbare Dichten von hunderttausendmal Millionen Kilogramm im Kubikzentimeter. Das liegt über der Dichte von Atomkernmaterie.

Die Gravitationskraft an der Oberfläche dieser exotischen Gebilde ist hundertmilliardenmal so groß wie an der Erdober-

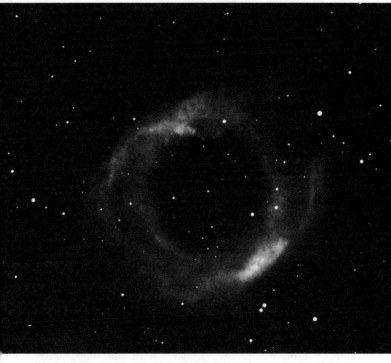

Abb. 28: Der Planetarische Nebel NGC 7293 mit einem kleinen Stern in der Mitte, der einem weißen Zwerg ähnelt

fläche. Jedes Objekt, das in den Wirkungsbereich dieser gewaltigen Kraft kommt, wird zerfetzt; es stürzt in wahrscheinlich winzigen Stückchen auf den Stern hinunter.

Der Neutronenstern entsteht plötzlich; der Stern fällt schlagartig zusammen. Das kosmische Ereignis ist begleitet von einem gewaltigen Helligkeitsausbruch, der vorübergehend die Helligkeit ganzer Sternsysteme mit Milliarden Sonnen erreichen kann. Das ist eine Supernova, eine Sternexplosion. Nach ihrem Ausbruch nimmt die Helligkeit der Supernova im Verlauf von Jahren wieder ab. Die Explosion hat Bedeutung auch für uns, ja, ohne Supernova könnte es uns gar nicht geben. Bei solcher gewaltigen Explosion werden nicht nur die schon vorher im Innern des Sterns gebildeten schweren Elemente in den Raum geschleudert, sondern weitere Elemente bis zum Uran fügen sich in diesem Glutofen zusammen. Sie stehen bei späteren Zusammenballungen von interstellarer Materie zu Sternen und Planeten zur Verfügung. Schließlich besteht unsere Erde vorwiegend aus Elementen höherer Ordnungszahl, wie sie sich bei der Kernfusion im Innern früherer Sterne und bei einer Supernovaexplosion gebildet haben.

Wenn es Supernovae gibt, sollte es auch Novae geben. Eine Nova erlebt einen Helligkeitsanstieg innerhalb von Tagen und Wochen auf das Tausendfache, was sich allerdings mit einer Supernova nicht messen kann. Danach geht ihre Helligkeit wie bei der Supernova im Verlauf von Jahren wieder auf die normale Helligkeit eines Sterns zurück. Eine solche Nova tauchte am 29. August 1975 im Sternbild Schwan auf. Sie zählte plötzlich zu den hellsten Sternen am Himmel. Ihre sichtbare Helligkeit nahm aber schon nach Tagen wieder ab, und heute kann der Stern nur noch im Fernrohr beobachtet werden.

Die Ereignisse des Universums sind nicht immer einfach zu deuten, Fehldeutungen sind nicht auszuschließen. Heute nehmen die Astronomen aber an, daß Novae bei Weißen Zwergen auftreten, die mit einem normalen Stern ein Doppelsternsystem bilden, wie es beim Sirius der Fall ist. Der Weiße Zwerg saugt von dem anderen Stern Materie ab, nämlich Wasserstoff. Es bildet sich so eine Schicht von Wasserstoff auf der Oberfläche des Weißen Zwerges, und diese Schicht wird von innen heraus bis auf zehn Millionen Grad erhitzt. Bei dieser Temperatur zündet der Wasserstoff zur Kernfusion, und in einem explosiven Ausbruch wird die Wasserstoffhülle in den Raum geblasen. Der Stern leuchtet als Nova auf.

Einige hundert Novae konnten innerhalb des Milchstraßensystems beobachtet werden, aber nur drei Supernovae sind aus geschichtlicher Zeit bekannt, und zwar aus den Jahren 1054, 1572 und 1604, beobachtet und aufgeschrieben von den Chinesen, dem berühmten dänischen Astronomen Tycho Brahe und Johannes Kepler. Von großer Bedeutung wurde hierbei die

Abb. 29: Der Krebsnebel M 1 im Sternbild Stier als Zeugnis der Supernova des Jahres 1054

Supernova des Jahres 1054. Das Ereignis wurde auch von japanischen Chronisten festgehalten, merkwürdigerweise aber von niemandem in Europa. Dabei war sie seinerzeit so hell, berichten die alten Chinesen, daß sie fast einen Monat lang bei Tageslicht gesehen werden konnte. Die Chronisten waren nun genau genug bei ihrer Beschreibung der Stelle des Himmels, wo das Ereignis stattfand, daß sich die Astronomen von heute diese Stelle im Sternbild Stier ansehen konnten. Sie fanden dort einen kleinen leuchtenden Nebelfleck, Krebsnebel genannt *(Abb. 29)*. Der Name geht ausnahmsweise nicht auf die Griechen zurück. Vielmehr erinnerten die Nebelfäden einen englischen Lord Rosse an die Beine eines Krebses, und er gab dem Nebel diesen Namen. Von Messier hatte er die Bezeichnung M 1 erhalten. Die Entfernung des Nebels liegt nahe 6 000 Lichtjahre. Seine filigranartige Struktur weist deutlich auf die Art jenes Ereignisses im Jahre 1054 hin. Hier explodierte ein Stern. Die Materiewolke hat einen Durchmesser von sechs Lichtjahren, und sie dehnt sich noch immer mit einer Geschwindigkeit von 1500 km/s aus. Der Krebsnebel gehört heute zu den wichtigsten Objekten astronomischer Forschung, und das hängt mit einer weiteren, sehr bedeutsamen Entdeckkung im Kosmos zusammen.

Pulsare

Im Jahre 1967 wurden die Pulsare entdeckt, was den Entdeckern Martin Ryle und Antony Hewish im englischen Cambridge den ersten Nobelpreis für Astronomen einbrachte. Dieser neue Sterntyp sendet kurze Radioimpulse aus. Der schnellste hat eine Periode von einigen Tausendstel Sekunden, der langsamste von wenigen Sekunden. Ein solcher Pulsar wurde nun auch im Krebsnebel als Rest jenes Sterns gefunden, der im Jahre 1054 seine äußere Materie in den Raum blies. Der Pulsar im Krebsnebel blitzt dreißigmal in der Sekunde seine Radioimpulse in den Kosmos, er sendet aber auch auf allen anderen Wellenbereichen, einschließlich des sichtbaren Lichtes. Dieser Pulsar ist offensichtlich das erhalten gebliebene Zeugnis der Supernova des Jahres 1054. Die Wissenschaftler fanden auch bald heraus, daß Pulsare jene Neutronensterne sind. Eine Supernova ist gewissermaßen eine kombinierte Implosion-Explosion. Die inneren Teile des Sterns implodieren zum Neutronenstern, während die äußeren Teile explosiv in den Raum geschleudert werden und den Neutronenstern als Gas- und Staubwolke umhüllen. Pulsare pulsieren also gar nicht; der Name blieb ihnen aber erhalten. Ursache dieser Impulse ist die Rotation des Sterns; das heißt, er dreht sich in einer Sekunde dreißigmal um seine Achse. Dann kann er aber gar kein normaler Stern sein. Unsere Sonne könnte den dabei auftretenden gewaltigen Fliehkräften nicht standhalten; sie würde zerrissen werden.

Supernovae und die Entstehung von Neutronensternen sind seltene Ereignisse. Im Jahre 1885 entdeckte der junge Astronom Ernst Hartwig an der Sternwarte in Dorpat (Estland), heute Tartu, einen neuen Stern im Andromedanebel. Zu dieser Zeit stritten die Astronomen noch über die Natur der Nebel, und der neue Stern mußte ja auch nicht im Nebel stehen. vielleicht stand er in Blickrichtung vor dem Nebel. Er wurde im Verlauf von Wochen schwächer und verschwand dann wieder. Heute bezweifeln die Astronomen nicht mehr, daß Hartwig eine Supernova beobachtet hat. Auch in der Folgezeit konnten Sternausbrüche beobachtet werden, aber die Astronomen wußten noch nichts von den zwei Arten, den Novae und Supernovae; es waren fast immer Novae. Noch einmal konnte Williamine Fleming vom Harvard-Observatorium 1895 im Sternbild Zentaurus am Südhimmel einen neuen Stern beobachten, der im nachhinein als Supernova erkannt wurde.

In späteren Jahrzehnten sollte der Name Fritz Zwicky mit den Neutronensternen und den Supernovae eng verbunden werden. Der Schweizer arbeitete seit 1925 am California Institute of Technology in Pasadena/Kalifornien. Er beschäftigte sich mit vielen Gebieten der Physik, während des Krieges war er gar in der Raketenentwicklung tätig. Mit den Raketen konnte er trotz des beispiellosen Aufstiegs dieser Geräte nach dem Kriege dennoch nicht das große Geschäft machen. Da er sich weigerte, seine schweizerische Staatsangehörigkeit aufzugeben, durfte er kein Geheimnisträger werden. Die zahlreichen amerikanischen Raketenpioniere, die einstmals als Kriegsbeute von Deutschland nach den Staaten gekommen waren, werden solche Haltung gewiß mit Verwunderung registriert haben.

Seine bleibenden Leistungen aber vollbrachte Fritz Zwicky in der Astrophysik. Nur zwei Jahre nach der Entdeckung des Neutrons 1932 veröffentlichte er mit Walter Baade einen Artikel, in dem er die Existenz von Neutronensternen als Folge einer Supernova-Explosion vorhersagte. Es sollte dreißig Jahre dauern, bis diese seinerzeit gewagte Hypothese durch die Entdeckung der Pulsare bestätigt wurde. Dreißig Jahre lang suchte Fritz Zwicky auch nach Supernovae und entdeckte über hundert davon in anderen Sternsystemen.

Zwischen seinen bedeutenden wissenschaftlichen Arbeiten finden sich aber auch utopische Ideen, um die ihn jeder Science fiction-Autor nur beneiden konnte. So wollte er das ganze Sonnensystem umorganisieren. Auf den benachbarten Planeten sollten Wasserstoffbomben gezündet werden, um sie so auf erdnahe Umlaufbahnen zu bringen, wo sie dann von den Erdenmenschen besiedelt werden sollten. Den Planeten Jupiter wollte er gar sprengen, um eine Hälfte in Erdnähe bevölkern zu können.

Aber er war kein einfacher Zeitgenosse, mehr noch, er galt als das »enfant terrible« der Astrophysiker seiner Generation. Er zerstritt sich mit Kollegen, indem er ihnen vorwarf, seine Ideen und Entdeckungen gestohlen zu haben. Die Angriffe auf Allan Sandage waren besonders heftig; es gab aber auch Differenzen mit Walter Baade. Seine Grobheit war weithin bekannt. Einstmals trat ein junger Bewerber vor einen Mr. Jones‹, erklärte er mir, ›seinerzeit Dekan oder gar Rektor des berühmten CalTech. Er nannte als Empfehlung auch seine Bekanntschft mit Fritz Zwicky. Das hätte er nicht tun sollen. Mr. Jones schüttelte unwillig den Kopf. »Sehen Sie, Mr. X«, vertraute er seinem Besucher an, »dieser Zwicky war einstmals mein Freund, bis zu jenem Abend, da wir gemeinsam bei einem Glas Bier zusammensaßen. Damals hielt mir Zwicky eine Rede. ›Schau, Jones‹mein ganzes Leben lang habe ich nach der Vollkommenheit gesucht und konnte sie doch nicht

Abb. 30: Die Supernova vom 24. Februar 1987 in der Großen Magellanschen Wolke, nahe des sogenannten Tarantelnebels. Das Strahlenkreuz ist instrumentell bedingt

finden. Nicht in der Schweiz und nicht in den Staaten, bis ich dir in Kalifornien über den Weg lief. Jetzt, Jones, habe ich die Vollkommenheit gefunden, denn du bist der vollkommenste Idiot, der mir jemals begegnet ist.‹« Der Mann, der so hoffnungsvoll Fritz Zwicky als Empfehlung angegeben hatte, erhielt die ersehnte Stellung nicht. Fritz Zwicky starb im Jahre 1974 in Pasadena.

Es wurden also Supernovae in anderen Sternsystemen beobachtet, aber das ist ja so weit entfernt. Die Astronomen hätten daher so gern eine in der Galaxis, nahe, wenn auch nicht zu nahe; aber seit dem Jahre 1604 konnte nichts derartiges beobachtet werden. Solche spektakulären Ereignisse wird es dennoch seitdem in der Galaxis gegeben haben; wir konnten sie nur nicht beobachten, da interstellare Wolken zwischen dem explodierenden Stern und der Erde lagen. Und die Astronomen warteten und warteten ...

Da leuchtete am 24. Februar 1987 zwar nicht in der Galaxis, aber immerhin in der nahegelegenen Großen Magellanschen Wolke eine Supernova auf *(Abb. 30)*. Der neue Stern konnte am Südhimmel mit bloßem Auge gesehen werden. Die Nachricht eilte um die Erde und veranlaßte die Astronomen, ihre Blicke und Geräte auf den neuen Stern zu richten. Da selbstverständlich fotografische Platten vorhanden sind, auf denen das Gebiet vor dem Ausbruch aufgenommen wurde, konnte der Stern identifiziert werden, der hier explodiert ist. Es handelt sich tatsächlich um einen massereichen Stern von 13 bis 14 Sonnenmassen, wie es die Theorie für eine Supernova verlangt. Allerdings war der Vorgänger mit der Bezeichnung Sanduleak-69 202 nicht wie obendrein erwartet ein Roter, sondern ein Blauer Überriese. Bei einer Oberflächentemperatur von 16 000 Grad leuchtete der Stern ursprünglich 110 000mal so stark wie die Sonne. Zwei Monate nach der Explosion war die Leuchtkraft 170 Millionenmal so groß wie die der Sonne, also 1500mal so groß wie vor der Explosion. Diese Supernova war jedenfalls ein recht schwaches Objekt seiner Art. Von höchstem Interesse für die Astronomen ist nun die Frage, ob sich ein Neutronenstern, ein Pulsar gebildet hat. Eine Supernova-Explosion muß nicht zwangsläufig einen

Pulsar hervorbringen; der Stern kann auch völlig zerrissen werden. Diese Frage kann nicht beantwortet werden.

Die Physik der Supernovae und der Neutronensterne ist von höchster Dramatik. Hier laufen gewaltige Naturprozesse ab. Neutronensterne haben auch starke Magnetfelder. Sie übersteigen das Feld der Sonne um das Tausendmilliardenfache (10^{12}). Mit den Neutronensternen wurde die Physik um eine neue Dimension bereichert: Materie in extrem starken Magnetfeldern. Die Atome werden durch die ungeheuren magnetischen Kräfte buchstäblich zu Fäden zusammengequetscht. Von Hanns Ruder, dem Tübinger Theoretiker, der auf diesem Gebiet arbeitet, stammen einige sehr bildhafte Vergleiche, welche die kaum vorstellbaren energetischen Prozesse verständlich machen. Es klingt unglaublich, aber die Magnetfeldstärke um einen Neutronenstern ist so groß, daß ein Kubikzentimeter Magnetfeld ebensoviel Energie enthält wie ein Kilogramm Materie, wenn diese vollständig zerstrahlt, also in Energie umgesetzt würde. Nach üblichen Energiepreisen müßte ein Kubikzentimeter Magnetfeld einige Milliarden DM kosten.

Wir gehen davon aus, daß bei Überschreiten einer weiteren Grenzmasse der sterbende Stern nicht nur zum Neutronenstern, sondern zu noch höherer Dichte eines »Schwarzen Loches« zusammenstürzt. Die Schwerkraft eines solchen Gebildes ist so groß, daß selbst elektromagnetische Strahlung, also auch Licht, nicht mehr entweichen kann. Die Strahlung vermag das gewaltige Schwerefeld nicht zu überwinden. Der Stern ist damit für uns unsichtbar. Über Schwarze Löcher ist noch wenig bekannt. Wahrscheinlich ist die Galaxis angefüllt mit Millionen Schwarzer Löcher, die wir nur noch nicht nachweisen können. Die Astronomen kennen einige verdächtige Stellen am Himmel, wo sie Schwarze Löcher vermuten. Die unheimlichen Gebilde ziehen alle Materie unweigerlich an. Dabei wird sie stark erhitzt und sendet Röntgenstrahlung aus. Die starke Röntgenquelle Cygnus X-1 im Sternbild Schwan ist ein Doppelstern; eine der Komponenten könnte ein Schwarzes Loch sein.

Der Begriff »Schwarzes Loch« wurde populär. Science

fiction-Autoren sehen in diesen Gebilden ein hervorragendes Mittel, Raum und Zeit zu manipulieren und ihre Helden die unsinnigsten Abenteuer bestehen zulassen.

Explodierende Galaxien

Normale Galaxien – wie der Andromedanebel, die Magellanschen Wolken oder das Milchstraßensystem – strahlen im Bereich langer Wellen mit nur geringer Energie. Aber es werden auch »Radiogalaxien« beobachtet, deren Energieproduktion in diesem Wellenbereich hunderttausendmal so groß wie bei normalen Galaxien ist. Tausende solcher Quellen wurden in Katalogen registriert. Insgesamt sind es jedoch nur wenige Prozent aller bekannten Galaxien, die so aktiv sind. Diese zählen aber wieder einmal zu den faszinierendsten Objekten des Universums. Sie wurden wegen der großen Energieabgabe in diesem Wellenbereich »Radiogalaxien« genannt; tatsächlich senden sie ihre Strahlung aber in allen Wellenbereichen aus, von den Gamma- und Röntgenstrahlen über das sichtbare Licht, über die Infrarotstrahlen bis hin zu den langen Radiowellen.

Die erste starke Radioquelle Cygnus A wurde 1946 von Stanley Hey *(s. Seite 45)* im Sternbild Schwan entdeckt, von jenem Mann also, den die Briten auf dem Höhepunkt ihrer Not während des Krieges in Rekordzeit zum Fachmann für Radiowellen und zugehörige Antennen gemacht hatten. Hey hatte nach dem Kriege nicht wieder zu den Kristallen zurückgefunden, er hatte sich der aufstrebenden Radioastronomie zugewandt. Wertvolles Hilfsmittel der Forschung waren damals erbeutete deutsche Radarantennen, die für die neuen astronomischen Zwecke etwas umgebaut wurden. Hey benutzte ein solches Gerät.

Cygnus A erwies sich als sehr starker Strahler; die Quelle stellt sogar nach Cassiopeia A, einer einstigen Supernova innerhalb der Galaxis, die zweitstärkste bekannte Radioquelle überhaupt dar. Im Jahre 1951 konnte sie Walter Baade mit dem 5 m-Spiegel auf dem Mount Palomar optisch identifizieren. Das Bild zeigt zwei scheinbar dicht beieinanderliegende Kerne

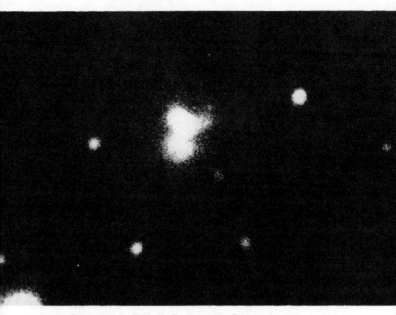

Abb. 31: Das optische Bild der Radioquelle Cygnus A

(Abb. 31). Baade glaubte daher, daß hier zwei Galaxien zusammenstoßen. Das kann schon einmal geschehen. Denken wir uns das Milchstraßensystem auf 1 m verkleinert, steht der 1,5 m große Andromedanebel in 22 m Entfernung. Der Zusammenstoß von Galaxien führt aber nicht zu dauernden spektakulären Sternzusammenstößen, denn die Sterndichte ist ja außerordentlich gering. Dagegen prallen die Atome und Moleküle des interstellaren Gases zusammen, wodurch eine starke Radiostrahlung verursacht wird.

Viele Kollegen betrachteten Baades Hypothese von den zwei zusammenstoßenden Galaxien allerdings mit erheblicher Skepsis. Insbesondere sein Freund Rudolf Minkowski - ein deutscher Emigrant - wies diese Erklärung zurück. Er wollte einfach nicht glauben, was dann doch bewiesen wurde. Wenn diese Objekte Galaxien sind und somit in großer Entfernung außerhalb unseres Milchstraßensystems stehen, würden sie

Energien von bis dahin unvorstellbarer Stärke in den Raum schleudern. Baade berichtet, Minkowski habe bald danach einen Seminarvortrag über kosmische Radioquellen gehalten. Er erwähnte dabei auch Baades Kollisionshypothese, aber so, »als ob er ein scheußliches Insekt mit der Pinzette aufhob«. Das verdroß Baade sehr, und er bot Minkowski eine Wette um 1000 Dollar an, daß Cygnus A tatsächlich ein Zusammenstoß von Galaxien sei. Minkowski erwiderte, er könne sich das nicht leisten, da er gerade ein Haus gekauft habe. Baade ging auf einen Karton Whisky herunter, was Minkowski immer noch zu teuer war. Sie einigten sich auf eine Flasche Whisky.

Erst nach Monaten betrat Minkowski Baades Büro und fragte lakonisch: »Welche Sorte?« Baade entschied sich für ein Zeug, das kanadische Pelzjäger in Labrador trinken, wenn sie um das Überleben kämpfen. Minkowski brachte eine Taschenflasche. Baade hob den Winzling als Trophäe auf, aber nicht lange, denn Minkowski trank sie schon bei seinem nächsten Besuch leer.

Cygnus A konnte als eine 550 Millionen Lichtjahre entfernte Galaxie nachgewiesen werden. Das war damals die absolut größte Entfernung eines kosmischen Objekts, so daß es trotz seiner geringen scheinbaren Helligkeit eine Riesengalaxie sein mußte. Heute werden eine Milliarde Lichtjahre Entfernung angenommen. Dennoch hätte Walter Baade die Flasche später zurückgeben und eine eigene dazustellen müssen. In einzelnen Fällen mag die Kollisionshypothese die richtige sein, denn das optische Bild von Radioquellen zeigt manchmal zwei dicht benachbarte Galaxien. Die überwiegende Mehrheit der Radiogalaxien kann auf diese Weise aber nicht erklärt werden. Es trifft auch nicht für Cygnus A zu. Vielmehr wird der doppelte Kern, wie wir heute wissen, durch einen breiten Staubgürtel quer über die elliptische Riesengalaxie vorgetäuscht. Die sehr schwierige strukturelle Analyse der Radioquelle am berühmten Radioobservatorium von Jodrell Bank in England erbrachte dann eine doppelte Radioemission beiderseits des optischen Objekts. Cygnus A sollte sich damit als typische Radiogalaxie erweisen, denn diese Erscheinung einer Radioemission nicht aus dem optischen Objekt selbst, sondern außerhalb und symmetrisch dazu, häufig sogar in beträchtlicher Entfernung davon, wird bei den meisten Radiogalaxien beobachtet. Das läßt sich besonders gut bei der Quelle Centaurus A studieren. Die Bezeichnung soll ausdrücken, daß es sich um die stärkste Radioquelle im Sternbild Zentaurus handelt. Der Radioquelle entspricht die schon länger bekannte optische Galaxie NGC 5128. Sie kann am südlichen Himmel beobachtet werden. Ihre Masse wurde auf 300 Milliarden Sonnenmassen geschätzt, etwa so viel wie der Andromedanebel. Mit 15 Millionen Lichtjahren Entfernung liegt sie durchaus in unserer Nähe. Sie bietet sich also besonders zum Studium der aktiven Galaxien an.

Während nun die optische Galaxie einen Durchmesser von 35 000 Lichtjahren aufweist, dehnt sich das Radioemissionsgebiet beiderseits bis zu drei Millionen Lichtjahren aus; das ist mehr als die Entfernung des Andromedanebels vom Milchstraßensystem. Die Radioquelle füllt eine Fläche aus, die das Zwanzigfache der Vollmondfläche beträgt. Aber Centaurus A weist bis zur Entfernung von drei Millionen Lichtjahren gleich mehrere Radioquellenpaare auf. Optisch zeigt NGC 5128 eine interessante Struktur *(Abb. 32)*.

Ein heller Kern wird durch einen breiten Gürtel staubförmiger interstellarer Materie in zwei etwa gleichgroße Hälften geteilt. Das Ganze ist von einer nebelartigen Hülle umgeben. Die Galaxie gehört zu den schönsten Bildern am Himmel. Weniger schön ist es, daß ihr die Astronomen »galaktischen Kannibalismus« nachsagen. NGC 5128 steht ziemlich einsam im Raum; im Umkreis von einer Million Lichtjahren finden sich nur wenige Zwerggalaxien. Es sieht so aus, als habe NGC 5128 die meisten ihrer Nachbarn aufgefressen. Die Riesengalaxie könnte also durch Verschmelzung mehrerer Galaxien entstanden sein.

Die Astronomen nehmen an, daß in den Kernen der Radiogalaxien einst gewaltige Explosionen erfolgten. Dadurch wurden ionisierte Wasserstoffwolken, also Protonen und Elektronen mit eingeschlossenen Magnetfeldern nach entgegengesetzten Seiten ausgeschleudert. Dabei emittieren die Elektronen eine Strahlung vor allem im Radiobereich.

Nehmen wir an, die Teilchen wurden fast mit Lichtgeschwin-

Abb. 32: Die elliptische Galaxie NGC 5128, die mit der Radioquelle Centaurus A identisch ist

digkeit ausgeschleudert, müßten sich in Centaurus A = NGC 5128 mehrere Explosionen, die älteste vor fast 3 Millionen Jahren, ereignet haben. Die inneren Radioquellen wären jüngeren, die äußeren älteren Ursprungs.

Explosionen in Sternsystemen mußten die Astronomen überraschen. Bis in die sechziger Jahre hinein wurden sie von der Vorstellung beherrscht, daß Galaxien über astrononiische Zeiten hinweg – Milliarden Jahre – weitgehend stabil und unveränderlich seien. Die Entwicklung einzelner Sterne vermag das Gesamtbild einer Galaxie jedenfalls nicht zu verändern, und selbst beim seltenen Ausbruch einer Supernova werden zwar riesige Energiemengen frei, vergleichbar der gesamten Strahlungsenergie einer Galaxie, aber das spektakuläre Ereignis dauert nur einige Wochen, und der Energiestrom klingt schnell ab. Das Sternsystem als Ganzes wird davon nicht berührt.

Die explosiven Radiogalaxien mußten diese Meinung von den »ruhigen« Galaxien verändern. Eine echte Sensation auch für die Fachleute war es aber, als 1963 Allan Sandage auf dem Mount Palomar eine solche Explosion optisch sichtbar machen konnte. Die zehn Millionen Lichtjahre entfernte Galaxie M 82 im Sternbild Großer Bär wurde schnell berühmt, auch in Laienkreisen, und natürlich machten sie die Astronomen sogleich zum bevorzugten Objekt ihrer Forschung. M 82 gehört daher heute zu den bestbekannten Galaxien überhaupt. Sie liegt in einer Gruppe von Galaxien, die von der großen Spiralgalaxie M 81 beherrscht wird *(Abb. 33)*.

Schon 1953 war eine starke Radioquelle in dem betreffenden Gebiet gefunden worden. Als 1961 Allan Sandage ihre Identifizierung nicht wie erwartet mit M 81, sondern mit der Galaxie M 82 gelang, löste das genauere Untersuchungen durch ihn aus, die ganz überraschend das Bild einer offensichtlich explodierenden Galaxie erbrachten. Infolge dieser Explosion hat sie auch das Aussehen eines irregulären Typs, doch dürfte sie eigentlich ein Spiralsystem sein, das wir fast von der Kante sehen. Die Galaxie enthält rund zehn Milliarden Sonnenmassen; das ist nicht allzuviel. Die Forscher erklärten, daß mit Geschwindigkeiten bis zu 1500 km/s gewaltige Mengen Was-

Abb. 33: Die explodierende Galaxie M 82

serstoff aus dem Kern ausgeschleudert werden. Vorsichtige Schätzungen führten zu sechs Millionen Sonnenmassen. Die Explosion sollte sich vor 1,5 Millionen Jahren, oder, bei Berücksichtigung des zehn Millionen Jahre vorher ausgesendeten Lichtes, vor 11,5 Millionen Jahren ereignet haben.

Leider blieb die schöne Explosion bei M 82 unerreicht, und die Astronomen wurden mißtrauisch. Sie glauben heute nicht mehr an eine Riesenexplosion im Kern der Galaxie, sie haben inzwischen eine andere Hypothese. Die Riesengalaxie M 81 steht nicht weit davon entfernt. Irgendwann rauschte sie dicht an M 82 vorüber. Ihre gewaltige Gravitationskraft brachte das viel kleinere System völlig durcheinander. Millionen Sterne wurden aus ihrer Bahn gerissen. Die Gas- und Staubwolken brachen zusammen, verdichteten sich also, und es entstanden Millionen neuer Sterne. Gas und Staub drängten aber auch aus der Galaxie heraus, entweder durch das Aufflammen zahlreicher Supernovae oder durch die Sogwirkung von M 81.

Desungeachtet erinnerten sich die Astronomen nun einer Klasse von Galaxien, auf die Carl Seyfert in den USA schon 1943 hingewiesen hatte, womit er aber wenig Aufmerksamkeit

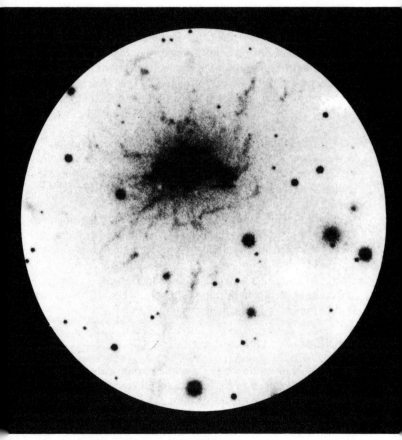

Abb. 34: Die Seyfert-Galaxie NGC 1275

erregen konnte. Er hat auch den späten Triumph seiner Galaxien, der Seyfert-Galaxien, nicht mehr erlebt, da er bald nach dem Kriege bei einem Autounfall ums Leben kam. Heute sind über hundert solcher Seyfert-Galaxien bekannt. Sämtlich vom Spiraltyp, strahlen sie auf allen Wellenlängen vom Röntgen- bis zum Radiobereich. Das eigentlich Bemerkenswerte aber ist ein auffällig heller kompakter Kern, aus dem große Mengen Wasserstoff als Folge oft mehrerer Explosionen ausgestoßen werden. Es konnten auseinanderstrebende Wasserstoffwolken bis zum Zehnmillionenfachen der Sonnenmasse nachgewiesen werden. Die Bewegungsenergie erreicht dabei Werte, die den freigesetzten Energien bei der Explosion von einer Million Supernovae entsprechen. Seyfert-Galaxien zeigen auch plötzliche Helligkeitsausbrüche. Die Kerne verdoppeln ihre Strahlungsleistung manchmal innerhalb eines Zeitraumes von nur wenigen Wochen. Dort muß also »irgend etwas los sein«.

Den Eindruck einer kosmischen Katastrophe vermittelt die Seyfert-Galaxie NGC 1275 im Perseus-Haufen *(Abb. 34)*. Als Folge einer Explosion vor mehreren Millionen Jahren reichen zahlreiche Filamente bis 50 000 Lichtjahre vom Zentrum entfernt nach allen Seiten in den Raum hinaus. Die Gasmassen streben mit Geschwindigkeiten bis 2000 km/s auseinander. Kleinere Explosionen ereignen sich offenbar noch immer, denn vom Kern aus expandieren zwei Wolken Wasserstoff von 100 und 200 Sonnenmassen mit Geschwindigkeiten von mehreren 100 km/s. Zwei Radiokomponenten in mehreren Hunderttausend Lichtjahren Entfernung weisen ebenfalls auf Exlosionen in der Vergangenheit hin.

Das Rätsel der Quasare

Kaum ein astronomisches Phänomen vermochte in neuerer Zeit die Fachwelt so zu faszinieren und über viele Jahre hinweg zu beschäftigen wie die ungewöhnlichen »Quasare«. Die Wirkung, die von ihnen ausgeht, mag daran gemessen werden, daß Astrophysiker zu Poeten wurden, um ihre Gefühle nicht ohne Humor auszudrücken:

Twinkle, twinkle, Quasi-Star
Biggest puzzle from afar
How unlike the other ones
Brighter than a billion suns.
Twinkle, twinkle, Quasi-Star
How I wonder, what you are.

George Gamow, der uns noch begegnen wird, ist der talentierte Schöpfer des Sechszeilers.

Radioquellen waren für die Astronomen interessant geworden. Die Radioteleskope wurden in den fünfziger Jahren immer größer, die Positionsbestimmungen am Himmel immer besser. Die optischen Astronomen interessierten sich für diese Positionen von Radioquellen außerordentlich, denn es bestand eine gewisse Wahrscheinlichkeit, am Ort einer starken Radioquelle ein optisch ungewöhnliches Objekt zu finden. Man konnte auf diese Weise bekannt werden. Dadurch war ein regelrechter Schwarzer Markt der Radioquellen entstanden. Radioastronomen gaben die genauen Positionen an einen ihrer Freunde von der optischen Astronomie weiter, bevor sie sie veröffentlicht hatten. Die Kollegen, die keine Werte ergattern konnten, ärgerte das.

Wir stoßen nun schon wieder auf einen Mann, der zu den ganz großen Astronomen der jüngeren Zeit zählt. Allan Sandage kam aus Iowa. Er studierte Physik an der Universität von Illinois. Ab 1948 arbeitete er auf dem Mount Wilson und auf dem Mount Palomar. Sandage war Astronom aus Überzeugung. Er glaubte eine Mission zu erfüllen, indem er die Struktur dieser Welt aufdeckte. Sein fast religiöser Eifer machte ihn aber zu einem einsamen Menschen, und die Kollegen nannten ihn »Super-Hubble«.

Allan Sandage erhielt 1960 die verbesserten Koordinaten einer Radioquelle 3 C48 – das ist die Quelle Nummer 48 im 3. Cambridge-Katalog kosmischer Radioquellen – und richtete das 5 m-Teleskop des Mount Palomar darauf. Er fand in der Tat etwas Seltsames. Schon bald wurden weitere Objekte dieser Art von Sandage und anderen entdeckt.

Die Himmelsaufnahmen zeigten Objekte von punktförmigem Aussehen. Das allein war noch nicht außergewöhnlich, denn es wies auf Sterne hin. Die Bilder von Galaxien sind demgegenüber etwas unscharf mit einer bei großen Entfernungen zwar geringen, aber doch nachweisbaren Flächenausdehnung. Daher schien es zunächst, als wäre die Entdeckung eines neuen Typs stark radiostrahlender Sterne gelungen. Dem widersprach allerdings das Spektrum, das so gar nicht sternähnlich war. Es enthielt zwar zahlreiche Spektrallinien, die aber nicht gedeutet werden konnten. Das würde nämlich heißen, die Sterne, die jene Schwingungen aussenden, bestünden aus unbekannten chemischen Elementen, und das konnte es einfach nicht geben. Zwei Jahre lang standen die Astrophysiker vor einem Rätsel. Es war dann wieder eine echte kosmische Sensation, als der junge Maarten Schmidt vom Mount Palomar 1963 den verblüfften Kollegen zeigen konnte, daß es sich um extrem verschobene Linien des Wasserstoffs und anderer Elemente handelt. Die Nachprüfung ergab sofort, daß diese Deutung für alle sternartigen und Radiowellen aussendenden Objekte zutrifft. Die Rotverschiebung ist oft so groß, daß dadurch Spektrallinien, die sonst im optisch unsichtbaren Ultraviolett liegen, sichtbar werden. Als Dopplereffekt gedeutet, mußten die Objekte also in bis dahin unerreichten Entfernungen stehen.

Die Fluchtgeschwindigkeit der meisten bekannten Galaxien liegt unter 10% der Lichtgeschwindigkeit, also 30 000 km/s; das entspricht einer Entfernung von zwei Milliarden Lichtjahren. Allerdings sind Entfernungsangaben stets mit Vorsicht zu betrachten, da sie vom angenommenen Zahlenwert für die Hubblekonstante und sogar vom kosmologischeu Modell - offenes oder geschlossenes Universum - abhängen. Galaxien, ja, selbst Galaxienhaufen, überschreiten selten 25% der Lichtgeschwindigkeit, also 75 000 km/s. Die zugeordnete Entfernung mit der von uns angenommenen Hubblekonstanten wäre fünf Milliarden Lichtjahre *(Abb. 7)*.

Bei Quasaren liegen die Werte sehr viel höher. Der Quasar 3 C 48, der als erster optisch identifiziert werden konnte, hatte eine Fluchtgeschwindigkeit von über 100 000 km/s. Das war schon ein phantastischer Wert, der aber in der Folgezeit durch zahlreiche Objekte ganz erheblich übertroffen wurde. Dem Quasar CH 471 im Sternbild Fuhrmann kommt eine Fluchtgeschwindigkeit von 90% der Lichtgeschwindigkeit, also 270 000 km/s zu. Dieses Objekt konnte mit raffinierten technischen Mitteln als ganz schwaches Lichtpünktchen identifiziert werden. Aber dieses unscheinbare Lichtpünktchen müßte zwischen neun und 18 Milliarden Lichtjahre entfernt sein, je nach Annahme der Hubblekonstanten. Man bedenke, daß das Licht, das uns von jener Stelle des Universums erreicht, vor einer Zeit ausgesendet wurde, die dem zwei- bis vierfachen Alter unseres Sonnensystems entspricht. Man erinnere sich auch der Radiogalaxie Cygnus A, deren Entfernung von einer Milliarde Lichtjahren lange den Entfernungsrekord hielt. Angesichts dieser unvorstellbaren Entfernung muß jenes schwache Lichtpünktchen mit der lapidaren Bezeichnung CH 471 eine der hellsten Lichtquellen des gesamten Universums sein, vielmehr gewesen sein – vor vielen Milliarden Jahren.

Der vorerst größte Wert wurde im August 1986 gemessen: PKS 2000-330 weist eine Fluchtgeschwindigkeit von über 92% der Lichtgeschwindigkeit = 276 000 km/s auf. Die Entfernung ist dann noch etwas größer als bei dem oben angegebenen Wert für CH 471. Das Licht erreicht uns vom Rande des überschaubaren Universums. Die Redakteure der »New York Times« behaupteten daher, das alles begriffen zu haben. Am 8. April 1973 boten sie dem verblüfften Leser die sensationelle Schlagzeile: »Der Mensch will die Grenze des Alls gesehen haben.« Immerhin, das Licht, das uns erreicht, wurde schon bald nach der Geburt des Kosmos ausgesendet. Quasare bringen uns Nachrichten aus der Frühzeit des Kosmos.

Jedenfalls können jene punktförmigen Objekte schwerlich Sterne sein, auch wenn sie so aussehen. Sie wurden daher vorsichtshalber sternähnliche, »quasistellare« Radioquellen, kurz Quasare genannt. Schon 1965 waren auch Objekte gefunden worden, bei denen die Radioemission fehlt. Sie senden dafür intensiv Röntgen- und Infrarotwellen aus und strahlen auch im optischen Bereich. Dieser Typ weist aber ebenfalls punktförmiges Aussehen auf bei starker Rotverschiebung; er ist sogar viel häufiger als die starken Radioquellen. Die Bezeichnung »quasistellare Objekte« ist daher die bessere und wird inzwischen vorgezogen.

Maarten Schmidt, der aus Holland kam, jagte nach seinem spektakulären Erfolg weiter diesen seltsamen Quasaren nach. Andere folgten ihm, wobei das Zentrum der Quasarforschung, soweit es sich um ihre optische Identifizierung handelt, wegen der großen Entfernungen, die zu überbrücken waren, zwangsläufig auf dem Mount Palomar mit seinem 5-m-Teleskop lag. Unter den Quasarjägern befand sich auch eine Frau: Margaret Burbidge. Der Mann der sehr attraktiven Lady aus Großbritannien arbeitete ebenfalls auf dem Gebiet der Astronomie. Von Hause aus war er Physiker, aber Margaret hatte ihn davon überzeugt, daß Astronomie viel interessanter ist als irgendwelche andere Physik. Das Ehepaar hatte 1957 gemeinsam mit Fred Hoyle und William Fowler darauf hingewiesen, daß die schweren Elemente nicht schon während des Urknalls, sondern erst später in den Sternen zusammengefügt wurden. Auf dem Mount Palomar hatte Margaret Burbidge zunächst gegen eine Tradition zu kämpfen. George Ellery Hale, einstmals Leiter der Sternwarte, hatte festgelegt, daß nur Männer dort arbeiten dürften. Margaret protestierte, und die Herren, die etwas zu sagen hatten, hielten es für besser, die Anordnung schnell aufzuheben. Bei wissenschaftlichen Kongressen verstand es die gescheite Margaret meisterhaft, mit ihrer sanften Stimme die Hypothesen von Kollegen, denen sie nicht zustimmen wollte, zu zerpflücken. Im Jahre 1971 sollte sie einen Preis der American Astronomical Society für hervorragende Leistungen weiblicher Astronomen erhalten. Sie lehnte den Preis ab: »Da es nur eine kleine Zahl von Frauen gibt, die auf diesem Gebiet arbeiten, wäre es kein Wunder, wenn diese der Reihe nach alle den Preis erhielten.« Bei ihren Arbeiten zur Erforschung der Quasare stieß sie bis an die Grenzen des Möglichen vor. Sie blickte wie wenige andere in Entfernungen von 18 Milliarden Lichtjahren, das heißt, in eine Vergangenheit, die 18 Milliarden Jahre zurückliegt.

Etwa 1500 Quasare sind gegenwärtig bekannt; wahrscheinlich gibt es im überschaubaren Universum Millionen davon. Die Energieabgabe im optischen wie im Radiobereich ist außerordentlich groß. Sie gehören zu den stärksten Strahlern am Himmel und übertreffen in einigen Fällen die Strahlung der hellsten Galaxien um das Hundertfache. Den Rekord hält ein 1982 entdecktes Objekt mit der umständlichen Bezeichnung S 50014+81, das mit 18 Milliarden Lichtjahren zu den entferntesten Quasaren überhaupt gehört. Trotzdem erscheint es im Fernrohr als relativ heller Stern. Dieser Quasar strahlt in allen Wellenbereichen eine Energiemenge ab, die sechzigtausendmal so groß wie die von unserer Galaxis ausgesendete Energie ist. Dabei ist es für eine Deutung dieser Naturerscheinungen wieder von Interesse, daß sich die Strahlung häufig aus zwei oder mehreren Komponenten zusammensetzt und auch zeitlich veränderlich ist. Sowohl im optischen wie im Radiobereich werden Schwankungen beobachtet, die über Zeiten von Tagen bis zu Jahren andauern. Beim Quasar 3 C 271 konnte beobachtet werden, wie er innerhalb von 40 Tagen seine Strahlungsleistung auf das Fünfundzwanzigfache steigerte. Diese Beobachtung beweist wieder eine ganz geringe Ausdehnung der Strahlungsquellen. Da sich nach der speziellen Relativitätstheorie Wirkungen höchstens mit Lichtgeschwindigkeit ausbreiten, können die Ereignisse, welche diese Strahlung verursachen, nicht in Galaxien mit Ausdehnungen von Tausenden von Lichtjahren stattfinden. Es müssen lokale Ereignisse sein. Schwankungen während eines Monats können ihre Ursache nur in Gebieten mit Ausdehnungen von höchstens einem Lichtmonat haben, wahrscheinlich aber weit darunter.

Was bedeutet schon die Entfernung von einem Lichtmonat bei Sternsystemen mit Ausdehnungen von 100 000 Lichtjahren? Aus solchen kleinen Bereichen aber kommen Energien, welche die Strahlungsleistung üblicher Galaxien um das Hundertfache und mehr übersteigen. Abschätzungen ergeben, daß Quasare jährlich die gesamte Ruhemasse eines Sterns von der Größe der Sonne zerstrahlen müßten. Bei einer angenommenen runden Million Jahre Aktivität machten das insgesamt eine Million Sonnenmassen. Nun erfolgt bei Kernprozessen aber keine vollständige Umwandlung der Ruhemasse in Energie, vielmehr kann nur ein Wirkungsgrad von etwa 1% angenommen werden. Dann müßte die Region, innerhalb derer die

Energie freigesetzt wird, größenordnungsmäßig aus mindestens 100 Millionen Sonnenmassen bestehen. Das wären dann Galaxienkerne.

Das Unbehagen angesichts Entfernung und Energieproduktion veranlaßte manche Forscher, noch einmal nach Deutungen zu suchen, wonach die Objekte nicht in so riesiger Entfernung stünden. Wäre die Entfernung geringer, verkleinerte sich auch die Energieabgabe. Auch die Burbidges neigten solcher Ansicht zu, ohne überzeugt zu sein. An der Spitze der Rebellen stand der junge Halton Arp vom Mount Palomar. Er hatte niemals zu jenen gehört, die geheime Koordinaten von Radioobjekten erhalten hatten, um Ungewöhnliches am Himmel entdecken zu können, und er beklagte das. Er glaubte, die Quasare seien Objekte, die aus den Zentren von Galaxien ausgestoßen werden. Er vermochte nicht zu sagen, welcher Art diese Objekte wären; er wies zunächst nur die kosmologische Deutung als vorgeblich unhaltbar zurück. Die wissenschaftlichen Gegner stritten über Jahre. Schließlich wurde eine öffentliche Diskussion vereinbart, ähnlich jener im Jahre 1920 zwischen Curtis und Shapley, als es um die wahre Natur der Nebelflecken ging. Der Gegner Arps war ein junger Physiker mit Namen John Bahcall aus Princeton. Die Diskussion fand am 30.12.1972 in Washington statt. Der Silvestertag dieses Jahres sollte für Arp nicht sehr fröhlich werden. Die Mehrheit der Physiker und Astronomen war gegen Arp und für die kosmologische Deutung. Arp und Sandage, einstmals gute Freunde, sprachen nach jenem Tag nicht mehr miteinander.

Tatsächlich hat auch die lokale Deutung mancherlei Tükken. Die meisten Astronomen nehmen daher heute an, daß es sich bei den Quasaren um die extrem hellen Kerne aktiver Galaxien handelt. Immerhin haben die Quasare eine gewisse Ähnlichkeit mit Radiogalaxien, vor allem mit den auffälligen Seyfert-Galaxien, deren extragalaktischer Charakter unumstritten ist. Neueste Messungen konnten auch über den hellen punktförmigen Kern hinaus den lichtschwachen Halo der Galaxien nachweisen. Bei 3 C 48 konnte sogar das Spektrum des Halo analysiert werden, und es erwies sich als ganz normales Sternspektrum.

Die aktiven Kerne der Galaxien

Eine Fülle außerordentlich interessanter Beobachtungen stürmte auf die Astronomen ein, und leider kann keine Rede davon sein, daß sie schon Ordnung in die vielfältigen Erscheinungen gebracht hätten. Ohne Zweifel haben die gewaltigen Energieumsetzungen ihren Ursprung in den Zentren der Galaxien, und trotz unterschiedlicher Intensitäten sollte allen explosiven Vorgängen ein gemeinsamer Mechanismus zugrundeliegen. Schon »normale« und »ruhige« Galaxien wie das Milchstraßensystem und der Andromedanebel zeigen im Kern Aktivitäten. In dieser Region befinden sich Radio- und Infrarotquellen, und auch Wasserstoff wird mit Geschwindigkeiten bis 100 km/s ausgestoßen.

Tatsächlich wird im Zentrum der Galaxis ein Schwarzes Loch mit mehreren Millionen Sonnenmassen als eigentlicher Mittelpunkt vermutet. Ein Schwarzes Loch ist stets eine starke Röntgenquelle. Jegliche Materie, die in die Nähe eines Schwarzen Loches gerät, wird angezogen und stark beschleunigt. Die dabei gegeneinanderstoßenden Atome und Moleküle heizen sich auf und senden Röntgenwellen aus. Das Schwarze Loch saugt also ständig Materie – Gas, Staub, aber auch Sterne – an und wird immer größer. Interstellare Materie ist jedenfalls reichlich vorhanden. Bei der Dichte der Sterne im Zentrum kann es nicht ausbleiben, daß Sterne gelegentlich zusammenstoßen, im Mittel vielleicht alle tausend Jahre. Dabei werden große Mengen Gas und Staub in den Raum geschleudert.

Das Zentrum der Galaxis ist hochaktiv. Bei den im eigentlichen Sinne aktiven Galaxien sind diese Vorgänge allerdings um Größenordnungen stärker als bei der Galaxis, und das zu unserem Glück, da wir sonst kaum hätten entstehen und existieren können.

Sehr aktiv sind auch elliptische Riesengalaxien. Sie stehen häufig beherrschend im Zentrum von Galaxienhaufen, wie M 87 im bekannten Virgohaufen *(Abb. 35)*. Als Radioquelle heißt die Galaxie Vir A, und sie ist 60 Millionen Lichtjahre entfernt. Massenabschätzungen liefern für diese Galaxie einige 1000 bis 10 000 Milliarden Sonnenmassen. Damit wäre M 87 die masse-

Abb. 35: Die elliptische Riesengalaxie M 87 mit ihrem »jet«

reichste bekannte Galaxie überhaupt, bis dreißigmal größer als der Andromedanebel. Darüber hinaus ist ein 6000 Lichtjahre langes pfeilartiges Gebilde, ein sogenannter »jet« bemerkenswert, ein vom Kern ausgehender Auswurf, den Walter Baade 1959 entdeckte.

Detaillierte Messungen ergaben, daß vor einer Million Jahren als Folge einer Explosion 30 Millionen Sonnenmassen ausgeschleudert wurden. Der Kern muß sogar wiederholt aktiv gewesen sein, wie sowohl ein schwächerer »jet« entgegengesetzt zum großen »jet«, wie mehrere ausströmende Wasserstoffwolken nahe dem Zentrum beweisen. Der Quasar 3 C 273 zeigt einen ähnlichen Materiestrahl aus dem Zentrum heraus. Messungen der Geschwindigkeit führten zu Werten über 100 000 km/s.

Mit Sicherheit können wir ausschließen, daß es im Weltall zwei Arten Galaxien gibt, die während ihrer gesamten Existenz entweder ruhig oder aktiv sind. Dann müßten die aktiven Galaxien während eines vermuteten Weltalters von 20 Milliarden Jahren mehr als ihre gesamte Masse in den Raum hinausschleudern, ganz zu schweigen von den unrealen Energieumsetzungen während dieser Zeit. Wahrscheinlich machen daher alle Galaxien eine Entwicklung durch, die zeitweise außerordentlich stürmisch verläuft, mit heftigen Explosionen im Kern. Gehen wir davon aus, daß nur 1 bis 2% aller Spiralgalaxien Seyfert-Galaxien sind, und nehmen wir an, daß alle Spiralgalaxien ein Seyfert-Stadium durchlaufen, müßte dieser unruhige Zustand ebenfalls 1 bis 2% des Gesamtalters einer Galaxie andauern. Das führt zu einer Größenordnung von 100 Millionen Jahren. Die Quasare wiederum könnten einen früheren oder anderen, wahrscheinlich sehr kompakten Galaxientyp während einer Durchgangsphase darstellen. Nach dem außerordentlich explosivaktiven Quasar- oder Seyfert-Stadium gehen die Galaxien dann in einen Zustand über, der sie als normale Radiogalaxien klassifiziert, die sich ihrerseits zu ruhigen Galaxien entwickeln.

Diese Vermutung scheint durch eine andere Beobachtung bestätigt zu werden. Es sieht so aus, als würde die Zahl der Quasare bis in eine Entfernung von 17 bis 18 Milliarden Lichtjahre stark zunehmen, um dann schnell abzufallen *(Abb. 36)*. Nun sehen wir die Quasare in einem um so früheren Zustand, je weiter sie von uns entfernt sind. Die nahestehenden, also alten Galaxien haben den Quasarzustand bereits hinter sich, so daß ihre beobachtete Zahl gering ist. Die in größerer Entfernung stehenden Quasare sehen wir zu einer frühen Zeit des sich entwickelnden Weltalls, als Quasare eine

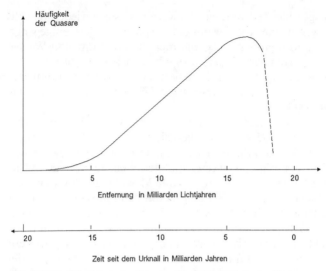

Abb. 36: Die Häufigkeit der Quasare in Abhängigkeit von der Entfernung

häufige Erscheinung waren. Gehen wir aber in eine noch größere Entfernung und somit dichter an den Urknall heran, befinden wir uns in einer Zeit, da sich die Quasare noch nicht gebildet hatten. Der dramatische Abschnitt des Weltalls stand noch bevor. Vielleicht war auch die Galaxis in ihrer Jugend ein Quasar. Dann wäre ein Sternsystem, das wir heute als Quasar sehen, inzwischen ein ruhiges, normales Sternsystem. Beobachter in diesem System aber, die das Licht der Galaxis empfangen, würden sie als Quasar sehen. Möglicherweise entstand auch der Halo der Galaxis mit seinen Sternen und Kugelsternhaufen einstmals durch eine heftige Explosion, bei der gewaltige Materiemassen aus dem Kern herausgeschleudert wurden. Der berühmte sowjetische Astrophysiker Ambarzumian brachte schon vor Jahren die These ins Spiel, daß Galaxien nicht, wie die Schulmeinung lautet, durch Kondensation einer Protogalaxie aus der intergalaktischen Materie entstanden sind, sondern sich vielmehr von innen heraus durch

Explosionen aus einer primär vorhandenen kompakten Urgalaxie bildeten.

Damit wäre zu fragen: Welcher Vorgang in den Kernen der Galaxien ist in der Lage, solche gewaltigen Energieumsetzungen zu verursachen?

Hier können die Astrophysiker vorerst nur spekulieren. Neuerdings wird ein Modell diskutiert, nach dem sich in der Mitte der aktiven Galaxien ein riesiges Schwarzes Loch von vielleicht Milliarden Sonnenmassen befindet. Sterne, Gas und Staub, die in ein solches Schwarzes Loch fallen, werden auf hohe Geschwindigkeiten beschleunigt. Die Materie erhitzt sich und strahlt sehr viel Energie ab. Die Energieausbeute wäre tatsächlich fünfzigmal höher, als wenn die gleiche Menge Wasserstoff zu Helium verschmölze. Eine Sonnenmasse pro Jahr reichte aus, um die Energieproduktion eines Quasars zu decken. Allerdings möchten wir dann die Frage stellen, was wohl geschähe, fiele ein Stern in das vermutete Schwarze Loch im Zentrum der Galaxis. Das ist doch auch nicht auszuschließen. Vorerst aber ist dieses Modell wie auch andere nur Hypothese.

KAPITEL 5

DIE ENDLICHE WELT

Die Geschichtlichkeit des Universums

Im Jahre 1654 gab der irische Bischof Usher das Ergebnis seiner mit viel Fleiß und großer Sorgfalt durchgeführten Analyse der zeitlichen Angaben der Bibel bekannt. Es war ihm gelungen, das genaue Datum der Erschaffung der Erde, und das war damals die ganze Welt, durch Gott zu errechnen. Das nicht unwichtige Ereignis fand am 25. Oktober 4004 v. Chr. statt. Heute sehen wir den Zeitpunkt der Entstehung der Welt etwas weiter zurückliegend, und wir drücken es auch anders, notgedrungen viel weniger anschaulich aus. Für die meisten Naturwissenschaftler besteht seit langem kein Zweifel mehr, daß die Bausteine des Universums ein endliches Alter haben. Die ältesten Objekte im Weltall sind offensichtlich die Galaxien. Aufschlüsse über das Alter unserer eigenen Galaxie, der Galaxis, können wir durch die Meteorite erhalten.

Meteorite – faszinierende Objekte, Steine, die vom Himmel fallen! Jedermann sieht hin und wieder eine Sternschnuppe, wie sie blitzschnell ihre leuchtende Spur über den Himmel zieht. Wer geistesgegenwärtig ist, denkt sich schnell einen Wunsch aus, der dann hoffentlich in Erfüllung geht. Wir kennen den auslösenden Vorgang einer Sternschnuppe. Winzige Staubpartikel, weniger als 1 mm im Durchmesser, dringen mit sehr hoher Geschwindigkeit von 16 bis 70 km/s in die Erdatmosphäre ein. Beim Zusammenstoß mit den Luftmolekülen verdampft der Meteorit vollständig, und die heiße Dampfspur reißt die Elektronen aus den Molekülen längs der Bahn. Bei der sofortigen Rekombination der »Ionen« und der Elektronen leuchten die Moleküle auf. Die Leuchtspur heißt Meteor, während der sie verursachende Körper Meteorit genannt wird. Das Wort kommt aus dem Griechischen und bedeutet »in der Höhe schwebend«.

Diese winzigen Teilchen erreichen also nicht die Erde. Bei größeren Objekten reicht die Flugzeit innerhalb der Atmosphäre aber nicht aus, sie vollständig zu verdampfen. Sie verlieren zwar einen Teil ihrer Substanz, erreichen aber als hell leuchtende Feuerkugeln die Erdoberfläche. Größtes bekanntes Stück ist der Hoba-Meteorit in Südwestafrika mit 60 Tonnen *(Abb. 37)*. Das »American Museum of Natural History« in New York darf den mit 31 t zweitgrößten Meteoriten sein eigen nennen. Die Eskimos in Westgrönland, die ihn fanden, nannten ihn »Anighito«, das »Zelt«. An dritter Stelle steht das mexikanische Bacuberito/Ranchito-Eisen mit 27 t. Aber solche Brocken sind ganz selten. Der größte Meteorit, der in Deutschland niederging, ist der vom Mai 1897 in Meuselbach in Thüringen mit 870 kg.

Ein Teil der Meteorite kommt jedenfalls aus dem Planetoidengürtel. Der Ursprung eines anderen Teils liegt in den

Abb. 37: Der Hoba-Meteorit bei Grootfonten in Südwestafrika

Kometen. Im Verlauf des 19. Jahrhunderts wurde beobachtet, wie der Komet Biela zerfiel. Danach traten ungewöhnlich viele Sternschnuppen auf, sobald die Erde auf ihrem Lauf um die Sonne die Bahn des einstigen Biela-Kometen kreuzte. Wir kennen mehrere solcher regelmäßigen Sternschnuppenschwärme. Am bekanntesten, weil am reichhaltigsten, ist der Perseidenschwarm im August, so benannt, da die zahlreichen Sternschnuppen scheinbar aus dem Sternbild des Perseus kommen.

Aber Meteorite fallen nicht nur als Einzelobjekte. Wiederholt erreichten ganze Schauer die Erde. Von Bedeutung für die wissenschaftliche Meteoritenkunde wurde ein Schauer, der am 26. April 1803 bei dem Dorle L'Aigle in der Normandie niederging. In vielen Orten konnte eine helle Feuerkugel am Himmel beobachtet werden. Bei L'Aigle aber regnete es Meteorite, etwa 3000 Stück, die größten 9 kg schwer. Der Meteorit war offensichtlich in der Luft zerplatzt. Die Pariser Akademie entsandte den bekannten Physiker Biot nach L'Aigle, der einen ausführlichen Bericht verfaßte.

Am 30. Januar 1868 ging bei dem Dorfe Pultusk, 50 km nördlich von Warschau, einer der ungewöhnlichsten Meteoritenschauer in historischer Zeit nieder. Hunderttausend, vielleicht mehrere Hunderttausend Steine und Steinchen prasselten auf einer Fläche von 6 × 17 km zur Erde. Das Gebiet war dünn besiedelt, und es gab keine großen Schäden. Die meisten der niedergegangenen Meteorite waren nur wenige Gramm schwer, aber über 200 Stücke von ein bis neun Kilogramm konnten geborgen werden. Die »Pultusk-Erbsen« wurden in großen Mengen aufgelesen und gelangten in zahlreiche Meteoritensammlungen der Welt. Eine einzigartige Meteoritenfundstätte ist das Campo del Cielo, das »Himmelsfeld« im argentinischen Gran Chaco. Schon in der Frühzeit der spanischen Eroberung machten sich die neuen Herren die Mühe einer Expedition nach dem unzugänglichen Chaco, nachdem ihnen Eingeborene von einem großen Eisenblock erzählt hatten, der vom Himmel gefallen sei. Sie fanden ein 1 bis 2 km breites und über 17 km langes Kratergebiet; einzelne Krater hatten einen Durchmesser von bis zu 100 m. Hier war vor ungefähr 6000

Jahren ein Meteorit in der Luft zerplatzt. Am 12. Februar 1947 ging im fernen Osten der Sowjetunion einer der gewaltigsten Meteoritenschauer in historischer Zeit nieder. Auf einer Fläche von 34 Quadratkilometer fanden sich zahlreiche Krater bis 30 m Durchmesser.

Bis zum Ende des 18. Jahrhunderts übrigens wollte die ernsthafte Naturwissenschaft trotz zahlreicher Berichte nicht glauben, daß Steine vom Himmel fallen könnten. Als der Pionier der Meteoritenforschung Ernst Florens Friedrich Chladni 1792 eine erste Abhandlung darüber schrieb, erntete er Hohn und Spott. Ihm wurde sogar vorgeworfen, er habe diese pseudowissenschaftliche Hypothese vorgelegt, um sich über die Physiker lustig zu machen, sollten sie diesen Unsinn etwa glauben. 1819 erschien dann Chladnis grundlegendes Werk »Über Feuer-Meteorite und über die mit denselben herabgefallenen Massen«.

Meteorite sind heute für die Naturwissenschaften von unschätzbarem Wert. Die Altersbestimmungen gründen sich auf den Zerfall radioaktiver Isotope, die in diesen Himmelssteinen enthalten sind. So zerfällt das radioaktive Isotop Uran-235 über mehrere Zwischenstufen letztlich in das radioaktive Blei-Isotop 207 mit einer Halbwertszeit von 710 Millionen Jahren. Durch Vergleich der Mengenverhältnisse dieser Isotope und ihrer Zerfallselemente kann auf den Zeitpunkt geschlossen werden, als dieser Zerfallsprozeß begann. Wir erhalten so eine obere Grenze für das Alter dieser Meteorite von 4,6 Milliarden Jahren. Das ist das Alter, da das Material vom flüssigen in den festen Zustand überging. Wir nehmen an, daß diese Art Meteorite aus dem Sonnensystem stammt, von den Kometen und aus dem Asteroidengürtel zwischen Mars und Jupiter. Die angegebene Zahl kann damit als das Alter unseres Sonnensystems angesehen werden. Sie stimmt mit anderen Analysen auf Erde und Mond überein.

Es finden sich aber auch Meteorite, die sehr viel älter sind. Sie können ihren Ursprung nicht im Sonnensystem haben, sie müssen aus ferneren Teilen der Galaxis, durch den Ausbruch einer Supernova entstanden, zu uns gekommen sein. Dieser Vorgang kann lange zurückliegen, so daß uns diese Meteorite eine untere Grenze für das Alter der Galaxis liefern. Hierzu werden radioaktive Elemente mit noch größeren Zerfallszeiten als der des Urans-235 untersucht, wie Uran-238 mit einer Halbwertszeit von 4,46 Milliarden Jahren oder das Thorium-232 mit 14,05 Milliarden Jahren. Diese Isotope werden bei Supernovaausbrüchen in einem bestimmten Mengenverhältnis erzeugt.

Die Analyse dieser Elemente und ihrer Zerfallsprodukte führt nun bei manchen Meteoriten zu einem Alter zwischen 14 und 23 Milliarden Jahren. Das Mindestalter des Universums ist durch diesen Zahlenbereich festgelegt.

Aus der Hubblekonstanten berechnen wir ein Weltalter von 10 bis 20 Milliarden Jahren. Der Wert ist innerhalb noch zulässiger Toleranzen mit dem Alter der Galaxien verträglich. Wir müssen hier erhebliche Toleranzen zulassen, da insbesondere die Hubblekonstante noch recht unsicher ist.

Das Universum expandiert! Die Entfernungen zwischen den Galaxien werden ständig größer, wobei eine Milliarde Jahre eine brauchbare Zeiteinheit ist, um Veränderungen im Universum zu erkennen. Theoretisch zu erkennen, sollten wir sagen, denn eine Milliarde Jahre sind zwar eine brauchbare Zeiteinheit für die Geschichtlichkeit des Universums, aber sie liegen weit jenseits menschlicher Erfahrung. Eine Milliarde Jahre sind nicht einmal vergleichbar mit jener Zeit, welche die Evolution benötigte, um aus dem Urmenschen den sogenannten und angeblichen »weisen Menschen« oder »homo sapiens« zu machen.

Die sich in seltener Weise ergänzenden Arbeiten Einsteins, Friedmanns und Hubbles entrückten den Kosmos deutlich sichtbar den Philosophen als ihrem ureigensten Objekt und emanzipierten ihn zum Thema naturwissenschaftlicher Forschung. Ganz wollten und sollten die Philosophen von dem Fragenkomplex allerdings nicht lassen; zu eng sind die Beziehungen zur Metaphysik. Aber die Erkenntnis vom endlichen Alter der Welt war eine naturwissenschaftliche. Die Philosophie hatte sich dieser Erkenntnis zu beugen.

Das Olbers'sche Paradoxon löst sich auf. Das Weltall existiert seit endlicher Zeit: die Sterne und Galaxien sind vor endlicher Zeit entstanden. Blicken wir in den Raum hinaus, sehen wir Sterne und Galaxien nur bis in eine bestimmte, endliche Entfernung. Über diese Entfernung hinaus würden wir bei technischer Perfektion in eine Zeit zurückblicken, da sich Sterne und Galaxien noch gar nicht gebildet hatten. Die Zahl der Galaxien in jeder beliebigen Blickrichtung ist zwar sehr groß, sie ist aber endlich, und sie reicht bei weitem nicht aus, den Himmel hell zu machen. Hierzu gesellt sich die Galaxienflucht. Durch die Rotverschiebung wird das Licht, das uns erreicht, geschwächt und zwar um so mehr, je weiter die Galaxien entfernt sind.

Die Geschichtlichkeit des Universums ist eine der grundlegenden naturwissenschaftlichen Erkenntnisse unserer Zeit. Sie wurde gleichermaßen gewonnen durch theoretische Untersuchungen wie durch die astrophysikalische Beobachtung. Wir glauben zu wissen, daß nicht nur die Bausteine des Universums – Sterne, Planeten, Galaxien, Kometen – eine Entwicklung durchmachen, sondern das Universum als Ganzes. Dieses Universum kann nicht ausreichend beschrieben werden durch die Summe seiner Einzelprozesse, vielmehr hat es eine weit darüber hinausgehende eigene großräumliche und langzeitliche Geschichte, welche über die wirkenden Naturgesetze hinaus festgelegt ist durch bestimmte Anfangsbedingungen. In diesem »Evolutionskosmos« besaß die Materie in der Vergangenheit andere Eigenschaften, und sie wird künftig andere Eigenschaften, die sie heute nicht zeigt, annehmen. Quasare und Neutronensterne ebenso wie das Leben sind Zustandsformen der Materie innerhalb eines bestimmten Entwicklungsabschnitts des Universums. Der überdichte Zustand der Materie in den Pulsaren kann nicht während der Frühzeit des Universums eintreten; er verlangt die vorausgegangene Entwicklung zum Stern und das Leben des Sterns selbst. Und ganz offensichtlich erfordern die komplexen Strukturen des Lebendigen einen ganz bestimmten Entwicklungszustand des evolutionären Kosmos und die Existenz von Planeten. Leben mit seinen vielfältigen physiologischen Prozessen setzt über den Wasserstoff und wenige andere leichte Elemente, die schon während des Urknalls entstehen konnten, die schweren Elemente voraus. Diese wurden aber erst in den Sternen aufgebaut, oder sie bildeten sich während gewaltiger Sternexplosionen, bei denen sie überdies unter das interstellare Gas gemischt wurden. Sie standen nunmehr für die Bildung von Planeten neuer Sterne zur Verfügung. Leben konnte nicht auf möglichen Planeten der ersten Sterne des Universums entstehen.

Aber die Naturwissenschaftler waren und sind trotz unbestreitbarer Erfolge weit von selbstgefälliger Zufriedenheit entfernt. Zu viele Fragen waren nach den Friedmann-Kosmen noch offengeblieben. Dazu gehört die räumliche Endlichkeit oder Unendlichkeit der Welt, die nicht durch die Theorie, sondern nur durch Beobachtung im realen Kosmos entschieden werden kann, nicht in dem Sinne, daß die Grenzen des Universums zu beobachten wären. Aber das kosmologische Modell ist durch die kosmologischen Größen Massendichte und Ausdehnungsgeschwindigkeit, also der Hubblekonstanten, festgelegt. In engem Zusammenhang mit der räumlichen steht die zeitliche Endlichkeit. In die Zukunft hinein lassen die Modelle zeitlich endliche wie unendliche Kosmen zu. Die räumliche Endlichkeit ist mit der zeitlichen Begrenztheit in der Zukunft verknüpft.

Allen Friedmann-Kosmen aber ist der zeitliche Anfang der Entwicklung gemeinsam. Wir müssen schließen, daß die Materie einstmals auf viel kleinerem Raum konzentriert war, daß sie sich in einem hochverdichteten Zustand befand. Gerade dieser Zustand des Universums in seiner Frühzeit war aber eine durchaus noch offene Frage. Da wurde im Jahre 1965 – zufällig, wie häufig in der neueren Astrophysik eine sensationelle Entdeckung gemacht, eine Entdeckung, die eindeutige Aussagen über den Zustand der Materie in der Nähe des Punktes Null machte.

Die 3 K-Strahlung und der heiße Urkosmos

Es ist keineswegs selten, daß große Entdeckungen in den Naturwissenschaften ihre Vorgänger haben.

George Gamow wurde 1904 als Sohn eines Lehrers in Odessa geboren. Er konnte die Schule nur unregelmäßig besuchen, denn in seiner Heimat waren zu dieser Zeit Krieg und Revolution. Als er 1923 an die Universität Leningrad ging, hörte er auch bei Alexander Friedmann eine Vorlesung über relativistische Kosmologie. Im Jahre 1928 durfte er nach Göttingen reisen. Sein Interesse galt der Physik der Atome. Er kam in Kopenhagen mit dem berühmten dänischen Physiker Niels Bohr und in Cambridge mit dem nicht minder berühmten Ernest Rutherford zusammen. Er reiste auch zweimal in die Sowjetunion zurück und wurde sogar Professor für Physik in Leningrad. Als er aber im Jahre 1931 mit seiner Frau noch einmal eine Konferenz in Brüssel besuchen durfte, kehrte er nicht mehr in den Sowjetstaat zurück. Über Paris, Cambridge und Kopenhagen gelangte er 1934 als Professor für Physik nach Washington.

George Gamow, lang, hager und blauäugig, war ein ausgezeichneter Gesellschafter mit einem unermeßlichen Schatz an Anekdoten im Kopf, die er in sechs Sprachen erzählen konnte. Beim Kopfrechnen war er ungewöhnlich schwach, in Physik und Astrophysik aber sollte er sich in den folgenden Jahren einen großen Namen machen. Er war es, der als erster die Kernfusion als Energiequelle der Sterne verkündete. Edward Teller arbeitete ab 1936 bei Gamow. Man sollte diesen Mann später nicht nur aus Ehrfurcht den »Vater der Wasserstoffbombe« nennen. Gamow selbst arbeitete ab 1948 an diesem Produkt kreativen menschlichen Forscherdranges mit. Nebenher schrieb er zahlreiche wissenschaftliche und populärwissenschaftliche Artikel und fast dreißig Bücher. Manchem emporstrebenden Autor mag es Hoffnung geben, wenn er erfährt, daß Gamows erstes Manuskript von zahlreichen Verlegern zurückgewiesen wurde. Da es aber nicht Gamows Art war aufzugeben, wurde es letztlich doch gedruckt und leitete so den literarischen Ruhm des Wissenschaftlers Gamow ein.

Im Jahre 1946 veröffentlichten Ralph Alpher, Hans Bethe und George Gamow – alpha, beta, gamma – einen grundlegenden Aufsatz über den frühen Zustand des Universums. Es geht das Gerücht, Hans Bethe, der übrigens aus Deutschland kam, sei sehr erstaunt gewesen, als er sich als Mitverfasser jenes Aufsatzes sah. Gamow soll den Namen des Ahnungslosen einfach hinzugefügt haben, da er noch das Beta zwischen alpha und gamma benötigte. Er fand das so wirkungsvoll; schließlich ging es um den Anfang der Welt.

Lemaîtres Weltenei war hochverdichtet gewesen, nichts weiter. Die drei Autoren von 1946 aber sahen den Anfang nicht nur hochverdichtet, sie sahen ihn auch extrem heiß. Sie wollten den Urknall, den big bang, die Explosion. Eigentlich war es den Verfassern des Artikels darum gegangen, die Entstehung der chemischen Elemente in dieser frühen Phase des Universums zu erklären. Das erwies sich später als unrichtig; die Elemente mit höheren Ordnungszahlen entstehen, wie wir heute glauben, in den Sternen. Die Verfasser zogen aber auch den Schluß, daß der frühe Kosmos mit seiner sehr hohen Temperatur sehr viel Strahlung enthalten mußte, die auch heute noch, wenn auch stark verdünnt, vorhanden sein sollte. Drei Jahre später schätzten Ralph Alpher und Robert Herman die heutige Temperatur dieser Strahlung auf 5 K. Aber jene Reststrahlung aus der Anfangszeit des Kosmos fand bei den Astrophysikern keine Beachtung, und auch jene, die darüber geschrieben hatten, kamen nicht auf den Gedanken, danach zu suchen.

Im Jahre 1964 ließ Robert Dicke in Princeton von Mitarbeitern eine selbstgebaute Radioantenne auf dem Dach seines Instituts anbringen. Sowjetische Wissenschaftler waren beim Studium früherer Arbeiten von Gamow auf die Vorhersage der Strahlung gestoßen und bereiteten ihren Nachweis vor. Aber sie kamen alle zu keinen Ergebnissen mehr. Nur wenige Kilometer von Princeton entfernt war inzwischen gefunden worden, wonach sie suchten. Im Jahre 1965 führten die Mitarbeiter der Bell Telephone Laboratories Arno Penzias und Robert Wilson funktechnische Versuche mit dem Ballonsatelliten »Telstar« durch. Die Funksignale wurden zum Satelliten geschickt, an dessen Aluminiumhaut reflektiert und auf der anderen Seite des Atlantiks in Frankreich aufgefangen. Die Versuche verliefen erfolgreich. Penzias und Wilson verdienten bei Bell ihr Geld zwar mit praktischer Arbeit zur Funkübertragung, beide waren sie aber auch an der Radioastronomie interessiert. Nachdem sie daher ihre Arbeitgeber mit den

Ergebnissen der Funkübertragung über den Atlantik zufriedengestellt hatten, richteten sie ihre Antenne zum Himmel, um außerirdische Radioquellen aufzuspüren. Dabei bemerkten sie in ihren Empfängern ein störendes Rauschen unbekannten Ursprungs. Sie versuchten die Ursache dieser Störung zu ermitteln und auszuschalten. Sie vertrieben ein Pärchen Tauben, das sich in der Antenne eingenistet hatte. Sie entfernten, wenn auch widerstrebend, was diese Tierchen so zurücklassen, aber das Rauschen blieb. Das konnte letztlich nur heißen, sie empfingen eine bisher unbekannte Strahlung. Diese Strahlung waren keine Radiowellen, die uns von einer bestimmten Strahlungsquelle aus erreichen, die neue Strahlung erwies sich als isotrop, und das heißt, sie war unabhängig von einer Richtung im Raum und von täglichen und jahreszeitlichen Bewegungen der Erde. Die Galaxis als Quelle der Strahlung mußte daher ausgeschlossen werden, denn das hätte eine Richtungsabhängigkeit vorausgesetzt. Es wurde auch geprüft, ob die Strahlung durch Überlagerung zahlreicher extragalaktischer Quellen zustandekommen könnte. Aber das hätte eine Quellendichte erfordert, die weit über der Galaxiendichte liegt.

Es waren Dicke und Mitarbeiter in Princeton, welche die Strahlung richtig deuteten, nämlich als Überbleibsel des einstmals sehr heißen Universums. Die Temperatur hatte im expandierenden Universum abgenommen. Dieser Vorgang kann leicht klargemacht werden. Denken wir daran, daß wir die Wärmestrahlung als eine Wellenbewegung ansehen können (auch als Teilchen, als Photonen, ganz wie wir es gerade brauchen). Diese Wellen werden während des sich vergrößernden Raumes auseinandergezogen. Eine größere Wellenlänge bedeutet aber stets kleinere Energie, und das heißt hier niedrigere Temperatur.

Es hatte den Urknall gegeben!

In den folgenden Jahren wurden von verschiedenen Forschergruppen erweiterte und genauere Messungen durchgeführt. Das ist durchaus mit Schwierigkeiten verbunden, denn die Erde wird von einer ganzen Reihe von Strahlungen verschiedenen Ursprungs getroffen. Beispielsweise überwiegen bei Wellenlängen größer als 30 cm die Strahlungen der Galaxis und der Radiogalaxien. Bei Wellenlängen um 1 mm und darunter wirkt sich überdies die Absorption der Atmosphäre aus. Dennoch konnte eine Strahlung ermittelt werden, die einer Planckschen Strahlung, und das ist eine Wärmestrahlung, entspricht. Die Temperatur liegt bei 3 Grad Kelvin (3 K), genauer 2,7 K.

Penzias und Wilson konnten die Tragweite ihrer Entdeckung zunächst gar nicht fassen. Sie wunderten sich, als wieder findige Redakteure der »New York Times« eine wissenschaftliche Sensation daraus machten, indem sie einen Artikel mit gewaltiger Überschrift auf die erste Seite ihres Blattes setzten. Alpher, Herman und Gamow nahmen die Nachricht mit gemischten Gefühlen auf. Alle drei waren aber empört, daß ihr Anteil nicht gebührend gewürdigt wurde. Gamow schrieb sogar einen wütenden Brief an Penzias. Er konnte immerhin darauf verweisen, daß seine Vorhersage der Strahlung nicht nur in wissenschaftlichen Artikeln, sondern auch in einem seiner populärwissenschaftlichen Bücher »Die Erschaffung des Alls« (The Creation of the Universe), 1952 enthalten war, und das Buch war ein Bestseller gewesen.

Die 3 K-Strahlung – auch kosmische Hintergrundstrahlung genannt – ist eine der hervorragendsten naturwissenschaftlichen Entdeckungen unserer Zeit und von größter Bedeutung für die Kosmologie, hierin vergleichbar mit der Rotverschiebung in den Spektren der Galaxien. Durch diesen empirischen Beweis eines überdichten und heißen Zustandes der Materie vor 20 Milliarden Jahren wurde geradezu ein Wandel im Denken der Astrophysiker bewirkt. In der Kosmologie traten in starkem Maße physikalische Aspekte neben die bisherige Betrachtungsweise, die der Geometrie und der Bewegung im Weltraum gegolten hatten, wie sie sich aus der Allgemeinen Relativitätstheorie ergeben hatte. Der Vorgang ist vergleichbar mit der Entwicklung von einer Astronomie, die überwiegend die Bewegungen im Raum erfaßt, bis hin zur Himmelsmechanik mit ihrer physikalischen Betrachtungsweise während der 2. Hälfte des 19. Jahrhunderts. Die Allgemeine Relativitätstheorie ist weiterhin wichtigste Theorie für die Beschreibung der zeitlichen und räumlichen Struktur des Weltalls als Ganzem, aber sie wird ergänzt durch die Einbeziehung der vielfältigen physikalischen Prozesse in allen Phasen der kosmischen Evolution, nicht zuletzt in der Nähe der kosmologischen Singularität.

Mit der Entdeckung der 3 K-Strahlung mußte eine andere Theorie, die ebenfalls diskutiert wurde, aufgegeben werden; sie widerspricht der neuen Entdeckung, da sie die 3 K-Strahlung nicht erklären kann.

Hermann Bondi und Thomas Gold kamen aus Wien. Nach dem Anschluß Österreichs an Deutschland hatten die Familien das Land noch verlassen können. Die Söhne schrieben sich gleich in Cambridge ein, aber da kam der Krieg. Bondi und Gold wurden zunächst als feindliche Ausländer interniert, danach zu streng geheimen Arbeiten an Radargeräten abkommandiert. Ihr Abteilungsleiter hieß Fred Hoyle, und das Trio sprach viel über Physik und Astrophysik. Fred Hoyle wollte den Urknall nicht akzeptieren und suchte nach einer anderen Lösung. Nach dem Krieg führten sie ihre Diskussion weiter; das Ergebnis war die »Steady-State-Theorie«. In Einzelheiten waren sie sich allerdings nicht einig, so daß Bondi und Gold gemeinsam einen Artikel schrieben, Hoyle einen eigenen. Tommy Gold war verärgert, als Hoyle seine Abhandlung als erster beendete und zur Veröffentlichung einreichte; er sah die Idee des Steady-State-Universums als die seine an. Aber die Fachzeitschriften lehnten Hoyles Arbeit zunächst ab, so daß Bondi und Gold doch noch das Rennen machten. Ihr Artikel erschien im Juli, der von Hoyle im August 1948.

In der neuen Theorie wurde das Kosmologische Prinzip von der Homogenität und Isotropie des Raumes auf die Zeit erweitert; die drei Wissenschaftler sprachen vom »Vollkommenen Kosmologischen Prinzip«. Der Kosmos sollte danach nicht nur räumlich, er sollte auch zeitlich unveränderlich sein. Das schwierige Problem des Weltanfangs mit der Entstehung der Materie aus dem Nichts wurde damit buchstäblich aus der Welt geschafft. Der Nebelflucht wurde Rechnung getragen; die Galaxien verschwinden im Verlauf langer Zeiträume im Unendlichen. Da sich die Materie des Weltalls dann aber ständig verdünnen würde, was in einem zeitlich unendlichen Weltall natürlich nicht geschehen darf, nahmen die Schöpfer der Theorie an, daß ständig Materie aus dem Nichts entsteht, und zwar gerade so viel, wie im Unendlichen verschwindet. Die Materiedichte soll dadurch unverändert bleiben. Viel muß da nicht entstehen. Dann und wann und hier und da ein Atom, genau kann man das nicht sagen. Aber der Kosmos könnte sich bei solcher Annahme tatsächlich als Ganzes in einem unveränderlichen Zustand befinden.

Zur Zeit, da die neue Theorie veröffentlicht wurde, war die Erde infolge der falschen Hubblekonstanten immer noch älter als das ganze Universum. Den Schöpfern der neuen Theorie war aber nicht zuletzt jene anfängliche Entstehung der Materie im Augenblick der Weltentstehung fragwürdig gewesen. Allerdings hatten sie dafür auch keine wesentlich neuen Gedanken vortragen können; die Materie entstand nun nur nicht mehr spontan als Ganzes sondern kontinuierlich. Die Steady-State-Theorie fand nur wenige Anhänger, blieb aber dennoch für viele Jahre im Gespräch. Das war sicher auch darauf zurückzuführen, daß Hoyle populärwissenschaftliche Bücher und Science fiction-Romane schrieb und dabei Gelegenheit hatte, seine Theorie unter die Leute zu bringen. Auch nach der Entdeckung der Hintergrundstrahlung versuchte Hoyle seine Theorie zu retten, fand bei den Astronomen aber kaum noch Unterstützung. Schließlich war auch der Widerspruch zwischen dem Alter der Erde und dem des ganzen Universums durch Walter Baades Forschungen längst aufgelöst worden.

Penzias und Wilson erhielten für ihre weitreichende Entdeckung 1978 den Nobelpreis für Physik. Gamow war 1968 in Colorado gestorben.

KAPITEL 6

DIE EVOLUTION DES FRÜHEN UNIVERSUMS

Materie

Die ganz frühe Zeit haben nicht die Astrophysiker erforscht. Dieses zeitlich kurze, aber so entscheidende Kapitel wurde von den Elementarteilchenphysikern geschrieben, den Theoretikern und den Experimentatoren. Denn einstmals befand sich die Materie der größten uns bekannten Strukturen Galaxien und Galaxienhaufen in Raumbereichen, in denen heute die Elementarteilchen-Prozesse ablaufen. Es ist daher notwendig, vorerst wenige grundlegende Tatsachen über den Aufbau der Materie mitzuteilen.

Die Physiker tasten sich in immer kleinere Materiestrukturen vor. Nachdem sich die Atome – die Unteilbaren – doch als teilbar erwiesen hatten, glaubten die Physiker, die Kernteilchen Proton und Neutron und das Elektron, das die Atomhülle bildet, seien die elementaren Teilchen der Materie. Aber dann behaupteten Murray Gell-Mann und George Zweig 1964, diese Teilchen seien doch nicht elementar, sondern setzten sich aus noch elementareren Teilchen, den »Quarks«, zusammen. Diese Hypothese wurde inzwischen zur Theorie, und das heißt, sie hat die Physiker überzeugt.

Abb. 38 zeigt im Modell, wie die Materie strukturiert ist und wie sich die Teilchen stufenweise zusammensetzen. Zwei Quarkarten u und d bilden in einer Dreierkombination die Kernteilchen Proton und Neutron. Das Proton ist elektrisch positiv geladen, das Neutron ist elektrisch neutral. Diese beiden Teilchenarten bauen in wachsender Anzahl die Atomkerne der chemischen Elemente auf. Wasserstoff beispielsweise, das einfachste chemische Element, besteht nur aus einem Proton. Helium setzt sich aus zwei Protonen und zwei Neutronen, Sauerstoff aus acht Protonen und neun Neutronen

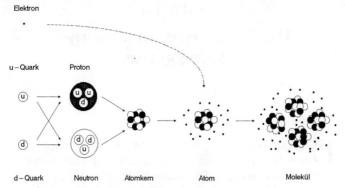

Abb. 38: Modell zur Grundstruktur der Materie

zusammen. Die Atomkerne sind stets elektrisch positiv geladen, da sie positiv geladene Protonen enthalten. Sie werden zu elektrisch neutralen Atomen, wenn wir in unserem Modell die elektrisch negativ geladenen Elektronen hinzufügen. Sie umgeben den Atomkern wie in einer Wolke mit der gleichen Anzahl, wie im Kern Protonen enthalten sind. Den Heliumkern umgeben also zwei, den Sauerstoffkern acht Elektronen. Insgesamt kennen wir 92 solche chemischen Elemente, aus denen sich die ganze Fülle dieser Welt aufbaut, indem sich die Atome zu Molekülen verbinden.

Den seltsamen Namen »Quark« hatte Gell-Mann in die Physik eingeführt. Der Amerikaner kannte sich in der Weltliteratur aus. Der Ire James Joyce war 1922 durch seinen Roman »Ulysses« berühmt geworden; das Werk gilt als Markstein in der Literaturgeschichte. Danach schrieb er bis 1939 ein weiteres Werk, »Finnegan's Wake«. Jedem, der das Buch lesen möchte, wird von Literaturwissenschaftlern empfohlen, das nicht ohne ausführlichen Kommentar gelehrter Frauen und Männer zu tun; er würde sonst nichts verstehen. Lag hierin der Grund für Gell-Mann, das Kunstwort »Quark«, das Joyce für kleine unwirkliche Wesen erfunden hatte, für seine Teilchen zu übernehmen?

Nach heutigem Wissen besteht die Materie aus wenigen kleinsten Bausteinen, aus sechs Quarks und sechs Leptonen

Quarks

Teilchenname	Symbol	elektrische Ladung	Masse (MeV)
up	u	2/3	310
down	d	-1/3	310
charm	c	2/3	1500
strange	s	-1/3	505
truth	t	2/3	22500
beauty	b	-1/3	≈ 5000

Leptonen

Leptonen	Symbol	elektrische Ladung	Masse (MeV)
Elektron	e	-1	0,511
Elektron - Neutrino	v_e	0	≈ 0
Myon	μ	-1	106,6
Myon - Neutrino	v_μ	0	≈ 0
Tau	τ	-1	1784
Tau - Neutrino	v_τ	0	<164

Tab. 2 Liste der zwölf fundamentalen Bausteine der Materie

(Tab. 2). Die Bezeichnungen der Quarks sind selbstverständlich rein willkürlich; irgendwie muß man sie ja unterscheiden. Wenn schon »strange« - seltsam, dann gilt es jedenfalls für alle Teilchen, und »charm« im eigentlichen Sinne haben diese Teilchen gewiß nicht. Über die angegebenen Teilchen hinaus nehmen die Physiker an, daß einige »Bindeteilchen« für die Kraftwirkung zwischen Materieteilchen verantwortlich sind. Hierzu gehört das Strahlungs- oder Lichtteilchen, das Photon, das die Kraft zwischen elektrischen Ladungen vermittelt.*

Die Quarks werden in den Kernteilchen Proton und Neutron so stark gebunden, daß sie nicht als einzelne Teilchen

---

* Es ließe sich leicht ein ganzes Buch über Elementarteilchen und »Quarkchemie« schreiben. Da das Thema dieses Buches aber die Entwicklung des Universums ist, wird nur das Nötigste mitgeteilt.

beobachtet werden können. Die Physiker vermochten dennoch mit raffinierten und teuren Methoden indirekt die Existenz von fünf Quarks nachzuweisen; die Existenz eines sechsten, das »truth« – die Wahrheit sein soll, ist noch hypothetisch. Die elektrische Ladung der Quarks beträgt ein Drittel oder zwei Drittel der Elementarladung, also der Ladung eines Elektrons. Daraus ergeben sich durch Summierung die Ladungen von Proton und Neutron:

$$\text{Proton} = u + u + d = + 2/3 + 2/3 - 1/3 = 1$$
$$\text{Neutron} = d + d + u = - 1/3 - 1/3 + 2/3 = 0$$

In der gewöhnlichen Materie sind nur die Quarks und Leptonen der jeweils beiden oberen Zeilen in Tabelle 2 enthalten, die *u*- und *d*-Quarks, das Elektron und das Elektron-Neutrino. Die winzigen Neutrinos entstehen bei verschiedenen Kernprozessen, wenn also Atomkerne ineinander umgewandelt werden; sie schwirren überdies in großer Zahl durch den Weltraum. Die anderen Teilchen der Zeilen 4 bis 6 werden nur als kurzlebige Bruchstücke beim Zusammenstoß von Teilchen mit hoher Geschwindigkeit beobachtet. Es hat sich eingebürgert, die Masse der Teilchen entsprechend der schon oft zitierten Einstein-Formel $E = m \cdot c^2$ als Energie anzugeben. Die Energieeinheit ist das Megaelektronenvolt = 1 Million Elektronenvolt = 1 MeV. 1 eV ist die Energie, die ein Elektron erhält, wenn es eine Spannungsdifferenz von einem Volt durchläuft.

Zu jedem Teilchen gehört ein Antiteilchen mit der gleichen Masse aber entgegengesetzter Ladung. Sie werden üblicherweise durch die Vorsilbe »Anti-« und im Symbol durch einen Querstrich von den Teilchen unterschieden. Das positive Antielektron hat einen eigenen Namen, »Positron«, und das Symbol e+. Es war das erste Antiteilchen, das 1932 Carl Andersen in Pasadena, USA, in der Kosmischen Höhenstrahlung entdeckte. Es entsteht als Sekundärteilchen beim Zusammenstoß der einfallenden Protonen mit den Luftmolekülen in großer Höhe. Andersen erhielt für diese Entdeckung 1936 den Physik-Nobelpreis. Paul Dirac in Cambridge, England, hatte das Teilchen wenige Jahre vorher aus theoretischen Gründen gefordert – Physik-Nobelpreis 1933 für seine Arbeiten zur Quantenmechanik. Neben der entgegengesetzten Ladung kennen die Physiker weitere, weniger anschauliche Merkmale für Materie und Antimaterie, so daß auch zu den elektrisch neutralen Teilchen jeweils ein Antiteilchen existiert. Das elektrisch neutrale Photon, das zu den »Bindeteilchen« gehört, ist allerdings sein eigenes Antiteilchen; Photon und Antiphoton sind identisch.

Materie und Antimaterie können nicht nebeneinander bestehen. Stoßen ein Teilchen und ein Antiteilchen ein Proton und ein Antiproton oder ein Elektron und ein Positron – zusammen, vernichten sie sich und werden zu Strahlung,

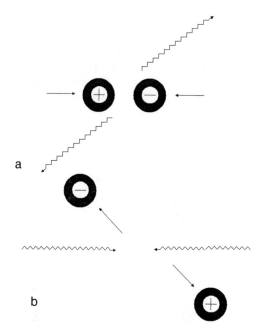

Abb. 39: Paarvernichtung und Paarerzeugung
a: Ein Materie- und ein Antimaterieteilchen stoßen zusammen und werden zu Strahlung
b: Ein Teilchen und ein Antiteilchen entstehen aus Strahlung

anders ausgedrückt, sie werden zu Strahlungsteilchen, zu Photonen. Umgekehrt können sich Teilchen und Antiteilchen aus Strahlung bilden. Diesen Vorgang können wir auch wieder so beschreiben, daß die aus reiner Energie bestehenden Photonen zusammenstoßen und materielle Teilchen erzeugen *(Abb. 39)*.

Die Quarks sind allgemein die Bausteine der schweren Teilchen, der Hadronen. Hierzu gehören neben den wesentlichen Kernteilchen Proton und Neutron noch die Mesonen *(Abb. 40)*. Diese bestehen jeweils aus einem Quark und einem Antiquark. Sie können Materie und Antimaterie! – nicht stabil sein. Das neutrale π^0-Meson läßt sich durch zwei gleichberechtigte Kombinationen darstellen. Sie sind beide in der Natur verwirklicht.

Mesonen entstehen bei verschiedenen Kernprozessen als Zwischenprodukte und zerfallen sogleich weiter in Elektronen, Positronen, Neutrinos und Photonen. Natürlich stellt sich die Frage, ob die Quarks nun die letzten Bausteine der Materie sind. Die Physiker bezweifeln es. Die Zahl der Teilchen ist doch noch etwas groß. Aber solche Meinung ist vorerst nur Vermutung.

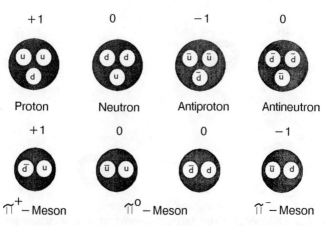

Abb. 40: Die Zusammensetzung der schweren Teilchen (Hadronen) aus den u- und d-Quarks

Der Urknall

Wir beginnen die frühe Phase zu einer Zeit, da das Universum weniger als eine Millionstel Sekunde, sagen wir, eine Zehnmillionstel Sekunde = 10^{-7} Sekunden alt ist. Auf das »davor« werden wir später kommen. Wir befinden uns in der Phase des »Urblitzes«.

Zu dieser Zeit beträgt die Temperatur 50 000 Milliarden Grad, anders geschrieben

$$50\ 000\ 000\ 000\ 000\ K = 5 \cdot 10^{13}\ K.$$

Die Dichte der »Ursuppe« ist so groß, daß wir eine Zahl mit 19 Nullen hinschreiben müßten, um sie mit der Dichte des Wassers vergleichen zu können. Das Universum stellt sich dar als ein Gemisch von Materie, Antimaterie und Strahlung. Materie und Antimaterie, das sind Quarks und Antiquarks, Elektronen und deren Antiteilchen, die Positronen, die sehr leichten Neutrinos und Antineutrinos und andere Teilchen. Das Gebräu, das zu dieser Zeit den Kosmos bildet, wird auch respektlos »die Quarksuppe« genannt, und diese Suppe aus Strahlungs- und Materieteilchen ist nicht beständig; sie ist in ständiger Umwandlung begriffen. Strahlung – oder Strahlungsteilchen – entsteht, wenn Teilchen und Antiteilchen zusammenstoßen. Umgekehrt bilden sich Teilchen und Antiteilchen aus Strahlung. Um Quark-Antiquark-Paare zu erzeugen, muß die Energie der Photonen eine Mindestmenge überschreiten. Diese Voraussetzung ist bei einer Temperatur von 50 000 Milliarden Grad gegeben. Wir nennen diese Phase des sich bildenden Universums das »Quark-Zeitalter« oder die »Quark-Ära« *(Abb. 41)*.

Bei etwa einer Millionstel Sekunde = 10^{-6} Sekunden und der Temperatur von 10 000 Milliarden Grad vereinigen sich die Quarks zu den Hadronen, zu Protonen und Antiprotonen, Neutronen und Antineutronen. Diese Teilchen und Antiteilchen aber vernichten sich weiterhin und werden zu Strahlung, und das gilt ebenso für die Elektronen, Positronen und Neutrinos. Umgekehrt entstehen aus der Strahlung Teilchen und

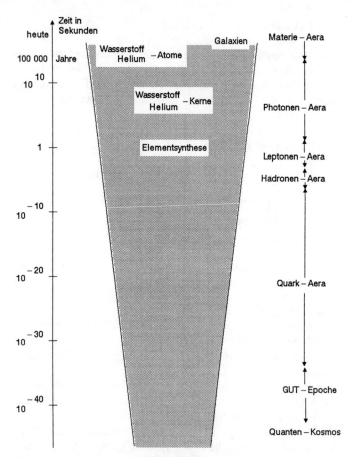

Abb. 41: Die Epochen des frühen Universums

Antiteilchen, nur keine Quarks mehr, denn die Energie reicht dazu nicht mehr aus; die Quarks bleiben in den Hadronen gebunden. Wir sind in die »Hadronen-Ära« eingetreten.

Es wurde bereits im Kapitel 2 darauf hingewiesen, daß das Universum möglicherweise von Anfang an bei hoher Dichte und Temperatur unendlich ausgedehnt war; jedenfalls führt die Theorie zu solchen Ergebnissen. Wir können also nicht so ohne weiteres von der Größe des Universums sprechen. Um im folgenden der Anschauung etwas zu Hilfe zu kommen, werden wir die jeweilige Größe des Universums durch einen Radius kennzeichnen. Wir meinen damit wieder die Größe des heute überschaubaren Teils des Universums von rund 20 Milliarden Lichtjahren. Bei den räumlich unendlich ausgedehnten Modellen konzentrieren wir also unsere Anschauung auf einen endlichen Ausschnitt der vielleicht unendlich ausgedehnten Welt. Beim räumlich endlichen Modell entspricht der angegebene Weltradius dem tatsächlichen Radius der räumlich in sich geschlossenen Welt. Eine Millionstel Sekunde nach dem Punkt Null betrug der Radius des sich rasend schnell ausdehnenden Universums bereits einige zehn Millarden Kilometer *(Abb. 42)*. Nach 0,0001 Sekunden = 10^{-4} Sekunden ist die Temperatur auf 1000 Milliarden Grad abgefallen; die Dichte des Welteneis läßt sich durch eine Zahl ausdrücken, die 13 Nullen enthält. Der Weltradius hat sich in der kurzen Zeit von einer knappen Zehntausendstel Sekunde verzehnfacht und

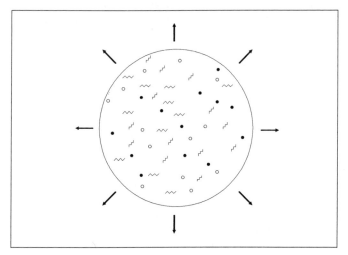

Abb. 42: Die Ursuppe des Universums aus Strahlungs-, Materie- und Antimaterieteilchen ist in rasender Ausdehnung begriffen

liegt bei 400 Milliarden Kilometer. Die Energie der Photonen reicht nun nicht mehr aus, um die schweren Teilchen, die Hadronen, zu erzeugen. Die meisten schweren Teilchen und deren Antiteilchen vernichten sich; neue Teilchen dieser Art können nicht mehr entstehen. Einige Protonen und Neutronen sind übriggeblieben, allerdings nur in ganz geringer Anzahl. Auf eine Milliarde Photonen kommen nur ein Proton oder Neutron. Die Energie der Photonen ist zwar geringer geworden, sie reicht aber noch aus, um die leichten Teilchen, die Leptonen – Elektronen, Positronen, Neutrinos zu erzeugen, so daß die wechselseitige Umwandlung der Photonen und der Leptonen weiter vonstatten geht. Wir befinden uns im »Leptonen-Zeitalter«.

Dichte und Temperatur nehmen weiter schnell ab. Eine Sekunde nach dem Punkt Null hat sich die Temperatur auf 15 Milliarden Grad verringert; die Dichte ist »nur noch« fünfhunderttausendmal so groß wie die des Wassers. Nach dieser einen Sekunde Weltallgeschichte ist der Radius des Weltalls auf stolze vier Lichtjahre gewachsen. Die Neutrinos koppeln aus; sie können sich nun weitgehend als freie Teilchen bewegen, ohne ständig wieder in Strahlung umgewandelt zu werden. Das Weltall ist voll von diesen winzigen Teilchen. Die Materie des Kosmos schwimmt also nicht nur in einem Meer von Photonen, nämlich der von Penzias und Wilson entdeckten 3 K-Strahlung, sie schwimmt auch in einem Meer von Neutrinos. Die Zahl der Neutronen nimmt ab, da sie unter Abgabe eines Elektrons in ein Proton übergehen:

$$\text{Neutron} \rightarrow \text{Proton} + \text{Elektron}$$

Nach jeweils 10,3 Minuten ist immer die Hälfte der Neutronen in Protonen zerfallen (Halbwertszeit). Am Ende des Leptonen-Zeitalters, bei einem Weltalter von einer Sekunde, beträgt das Verhältnis der Protonen zu den Neutronen 5:1.

Die Temperatur ist nun niedrig genug, daß sich erste Heliumkerne aufbauen können. Zwei Protonen und zwei Neutronen fügen sich zu einem Heliumkern zusammen. Etwa vier Minuten später beträgt die Temperatur eine Milliarde Grad, die

Dichte noch das achtfache des Wassers, das entspricht der Dichte des Eisens. Der Weltradius liegt bei 60 Lichtjahren. Elektronen und Positronen sind nur noch in geringer Anzahl vorhanden; sie haben sich weitgehend in Strahlung aufgelöst. Der Kosmos besteht nun vorwiegend aus Neutrinos, aus Photonen, daneben in weit geringerer Anzahl aus Protonen, Heliumkernen und Elektronen. Die Zeit der Elementsynthese geht zu Ende. Es beginnt das Photonen- oder Strahlungs-Zeitalter. Das Weltall ist ein feuriges Konglomerat aus Photonen und Neutrinos, in dem einige schwerere Teilchen und Atomkerne schwimmen. Der Anteil der Protonen verbleibt nun bei 87%, der der Neutronen bei 13%. Die Neutronen sind praktisch sämtlich im Helium gebunden. Damit zerfallen sie nicht weiter; im Kernverbund sind sie stabil. Da Helium aus zwei Protonen und zwei Neutronen besteht, sollte der Masseanteil des Heliums im Kosmos bei ungefähr 26% gegenüber dem der Wasserstoffkerne = Protonen bei 74% liegen. Dieses Verhältnis konnte nach langwierigen Messungen in etwa bestätigt werden, einer der Hinweise darauf, daß die Überlegungen der Physiker so falsch nicht sein können. Schwerere Kerne als das Helium entstehen kaum; es sollten sich nur wenige Lithium-, Beryllium- und Borkerne gebildet haben. Das Universum kühlte sich während der Expansion zu schnell ab, als daß sich schwere Kerne in wesentlicher Menge hätten aufbauen können.

Eine halbe Stunde nach dem Punkt Null beträgt die Temperatur 350 Millionen Grad. Der Weltradius ist auf 170 Lichtjahre gewachsen, die Massendichte auf ein Siebtel der Wasserdichte abgesunken. Allerdings ist hier darauf hinzuweisen, daß wir besser von Energiedichte sprechen, denn der Kosmos ist zu dieser Zeit überwiegend ein Strahlungskosmos mit nur wenigen Atomkernen. Das Universum dehnt sich weiter aus, und es kühlt sich ab. Zunächst geschieht nichts Bemerkenswertes mehr. Nach hunderttausend Jahren aber ist die Temperatur so weit abgesunken – einige Tausend Grad –, daß die Protonen und die Heliumkerne die vorhandenen freien Elektronen einfangen können und somit zu elektrisch neutralen Atomen werden. Damit können die Photonen von den Elektronen nicht mehr abgelenkt (»gestreut«) werden. Materie und Strahlung »leben« von nun an, ohne sich gegenseitig wesentlich zu beeinflussen. Der Urknall ist beendet.

Der Weltradius liegt bei 7 Millionen Lichtjahren. Da die Zahl der einzelnen Protonen aber die der Heliumkerne um etwa das Dreifache übertrifft, entstand schließlich ein Kosmos, der überwiegend aus Wasserstoff besteht. Wenn wir uns an Thales erinnern, könnten wir ihn abwandeln und sagen, Ursprung und Gehalt der Welt sind nicht das Wasser, sondern der Wasserstoff. Immer noch aber war der Kosmos angefüllt mit einer Wärmestrahlung. In dem Maße, wie sich der Raum ausdehnte, hatte sich die harte Gamma-Strahlung aus der Frühzeit verdünnt; ihre Temperatur war abgesunken. Die Energiedichte der Photonen sank unter die der Materie ab. Das Photonen-Zeitalter neigt sich dem Ende zu. Von nun an dominiert die Materie. Der Strahlungskosmos geht in den Materiekosmos über.

Im weiteren Verlauf der Expansion wurde der Einfluß der inneren Graviation wesentlich. Es bildeten sich riesige lokale Ansammlungen von Gas mit Millionen Lichtjahren Durchmesser. Diese Gaswolken sollten schließlich zu Galaxien werden. Die schwereren Atome, wie Schwefel, Eisen, Blei oder Uran aber wurden und werden in den Atomöfen der Sterne aufgebaut, oder sie entstehen bei Sternexplosionen. Bei solchen Explosionen in der Spätphase der Sterne werden diese Elemente in den Raum geschleudert und stehen als Ausgangsmaterial für die Bildung neuer Sterne und Planeten zur Verfügung. Gerade die Planeten enthalten ja einen hohen Anteil schwerer Elemente, wie wir es von unserem Sonnensystem her kennen.

Die Wärmestrahlung aber verdünnte sich weiter, bis die Temperatur nun bei 2,7 K liegt. Penzias und Wilson hatten die Urwärme entdeckt.

Aber wir müssen noch einmal an den Anfang unserer Betrachtungen zurückkehren. Es stellt sich da eine ganz wesentliche Frage, die für unsere Existenz so außerordentlich wichtig ist.

Wir wissen nun, daß die Ursuppe aus Strahlungs-, Materie-

Abb. 43: Nach der Zerstrahlungsorgie von Materie und Antimaterie bleiben einige Materieteilchen – aber keine Antimaterieteilchen – in einem Meer von Photonen übrig

und Antimaterieteilchen bestand. Teilchen und Antiteilchen vernichten sich, sie werden zu Strahlungsteilchen, den Photonen, und Teilchen und Antiteilchen bilden sich aus den Photonen. Diese Orgie aus Vernichtung und Neuentstehung von Teilchen und Antiteilchen setzt sich bis zu einer Zeit von 0,0001 Sekunden nach Geburt des Universums fort. Dann reicht die Energie der Photonen nicht mehr aus, um schwere Teilchenpaare – Protonen-Antiprotonen und Neutronen-Antineutronen – zu erzeugen. Teilchen und Antiteilchen vernichten sich aber, soweit vorhanden, weiter, die Anzahl der schweren Teilchen nimmt also ständig ab. Am Ende bleibt aber jener winzige Rest Materie übrig, von dem wir vorher sprachen. Auf eine runde Milliarde Photonen kommen zwar nur ein Proton oder Neutron, aber überhaupt kein Antiproton oder Antineutron mehr *(Abb. 43)*. Es sind aber diese Teilchen der Materie – und nicht der Antimaterie –, die sich letztlich zu den Atomen zusammenfügen.

Erste Überlegungen führen zu dem Schluß, daß es im Kosmos diese Materieteilchen, und damit uns selbst, gar nicht geben dürfte. Der Kosmos dürfte eigentlich nur aus Strahlung bestehen. Wenn im Feuerball des Urblitzes stets Teilchen und Antiteilchen entstehen, und nur Teilchen und Antiteilchen zu Strahlung werden können *(Abb. 39),* wie konnte es dann geschehen, daß nach dem Urknall Materie übrigblieb und die ganze Antimaterie verschwand? Wo ist denn die damals mit der Materie gleichzeitig auskristallisierte Antimaterie geblieben? Sie kann nicht zwischen der Materie existieren, denn Materie und Antimaterie würden sich sofort vernichten, und das heißt, in Strahlung übergehen. Was also hat das Weltall davor bewahrt, zu einem bloßen Strahlungskosmos zu werden, ohne Atome und damit ohne Leben?

In der uns zugänglichen Welt setzen sich Atome aus Protonen, Neutronen und Elektronen zusammen. Grundsätzlich könnten aber »Antiatome« aus Antiteilchen existieren, also aus Antiprotonen, Antineutronen und Positronen. Die Physiker bezweifeln aber kaum, daß das Weltall vor allem aus Materie besteht. Durch die Analyse des Lichts könnte zwar nicht festgestellt werden, ob es von Materie oder von Antimaterie ausgesendet wurde, denn Photon und Antiphoton sind ja identisch. Wir wissen aber, daß Materie und Antimaterie nicht nebeneinander bestehen können, da sonst unvorstellbare Feuerwerke entstünden. Ein wichtiger Hinweis auf das überwiegend mit Materie erfüllte Weltall liefert die Kosmische Strahlung, die uns aus dem Milchstraßensystem und aus den Weiten des Alls erreicht. Es ist eine Teilchenstrahlung, die überwiegend aus Protonen, niemals aber aus Antiprotonen besteht.

Nun könnte man sich denken, daß durch einen uns unbekannten Mechanismus Materie und Antimaterie großräumig getrennt wurden, daß also gewissermaßen zwei Kosmen entstanden wären, einer mit Materie und ein zweiter mit Antimaterie. Die Atome des einen Kosmos – des unsrigen – bestünden dann aus Protonen, Neutronen und Elektronen, die des anderen aus Antiprotonen, Antineutronen und Positronen. Aber daran will niemand so recht glauben.

Obige Überlegungen gehen davon aus, daß ein anfänglich völlig symmetrisches Weltall bezüglich Materie und Antimaterie bestanden hat, daß es also in jener extrem heißen Ursuppe der ganz frühen Zeit neben Strahlung die genau gleiche Anzahl von Teilchen und Antiteilchen gegeben hat. Die Annahme eines uranfänglich symmetrischen Weltalls erscheint den Physikern tatsächlich vernünftiger, als jenen geringen Überschuß an Materie, aus dem sich dann diese ganze Welt aufbaute, als Anfangswert anzunehmen. Denn dann stellt sich die Frage, weshalb gerade so viel Materie und nicht mehr oder weniger, und weshalb Materie und nicht Antimaterie? Die Physiker würden also lieber von einem anfänglich völlig symmetrischen Weltall ausgehen.

Wir Menschen sind Teil jener zunächst noch rätselhaften Materie, so daß dieser Sachverhalt eines letztlichen Überschusses an Materie überhaupt erst die Voraussetzung dafür ist, daß wir existieren und solche Fragen stellen können.

Die Physiker haben eine Antwort gefunden – die GUTs.

Die GUTs

Die gesamte Physik läßt sich auf vier elementare Kräfte zwischen den Bausteinen der materiellen Welt zurückführen *(Tab. 3)*. Die Physiker verwenden für »Kraft« häufig den Begriff »Wechselwirkung«, denn der Kraftwirkung des einen Körpers auf den anderen entspricht gleichzeitig eine Kraftwirkung des anderen Körpers auf den einen. Die Kräfte sind sehr unterschiedlich. Sie haben eine unendliche Reichweite wie die Gravitation und die elektromagnetische Kraft, sie haben aber auch nur Reichweiten von Atomkernausmaßen. Die Stärke variiert sogar im extremsten Fall um den Faktor 10^{38}. Die

Kraft (Wechselwirkung)	Stärke	Reichweite	Beispiel
Gravitation	1	unendlich	Planetenbewegung, Erdanziehung
Elektromagnetismus	10^{36}	unendlich	Kräfte zwischen elektrischen Ladungen
schwache Kraft	10^{25}	$<10^{-16}$ cm	Radioaktivität
starke Kraft	10^{38}	$<10^{-13}$ cm	Zusammenhalt im Atomkern

Tab. 3 Liste der vier Grundkräfte in der Natur

Gravitation ist, verglichen mit den anderen Kräften, eine sehr schwache Kraft. Da ihre Wirkung aber ins räumlich Unendliche wirkt und jegliche Materie der Schwerkraft unterworfen ist, bestimmt sie die räumliche und zeitliche Entwicklung des Universums. Die starke Kraft spielt ausschließlich im Atomkern eine Rolle, wo sie die Quarks zu Protonen und Neutronen bindet und auch dafür sorgt, daß diese Teilchen im Kern zusammenbleiben. Die weniger anschauliche schwache Kraft wirkt wie die starke Kraft innerhalb des Atomkerns; sie ist für den radioaktiven Zerfall verantwortlich. Die elektromagnetische Kraft wirkt im Kleinen wie im Großen, also im Atom ebenso wie in unserer Alltagswelt bis hin zu den Strukturen des Universums. Ziel der Physiker ist es nun, diese vier Grundkräfte durch eine umfassende Theorie auf eine einzige Urkraft zurückzuführen.

Der erste Schritt hierzu erfolgte Ende der sechziger Jahre durch Abdus Salam und Stephen Weinberg, welche zeigen konnten, daß die elektromagnetische und die schwache Kraft tatsächlich nur unterschiedliche Deutungen einer einzigen Kraft sind. Diese einheitliche Kraft wird nun elektroschwache Kraft genannt *(Abb. 44)*. Howard Georgi und Sheldon Glashow konnten danach 1974 die elektroschwache und die starke Kraft in einer vorläufigen Theorie zu einer einzigen Kraft

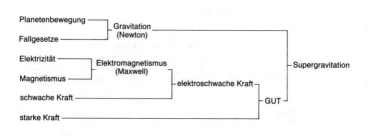

Abb. 44: Die Vereinigung der vier Grundkräfte in der Natur

zusammenfassen. Salam, Weinberg und Glashow erhielten für ihre Arbeiten 1979 gemeinsam den Nobelpreis für Physik. Es gibt noch weitere Ansätze für eine umfassende Theorie; die Physiker sprechen von den GUTs, den »Grand Unified Theories« oder »Einheitlichen Feldtheorien«. Bisher ist allerdings keine Lösung in Sicht, welche die Gravitation mit den anderen drei Kräften verbinden würde, obwohl die Physiker überzeugt sind, daß auch die Schwerkraft mit den anderen Kräften zu einer einzigen Kraft in einer einheitlichen Theorie vereinigt werden kann. Der Name für die erhoffte Theorie existiert bereits: Supergravitation.

In den Laboratorien kann nur mit verhältnismäßig kleinen Energien experimentiert werden, so daß sich die starke, die schwache und die elektromagnetische Kraft als eigenständig mit unterschiedlichen Wirkungsweisen darstellen. Das Laboratorium, in dem die vorausgesagte Vereinheitlichung der vier Grundkräfte nachgeprüft werden kann, liegt nicht in unserem Erfahrungsbereich. Nur das Universum in seiner frühen Zeit bietet jene Energien, und das heißt Temperaturen und Drücke, bei denen die Kräfte als Ausdruck einer einzigen Kraft wirken konnten.

Die GUTs geben nun eine Antwort auf die Frage, woher jener geringe Überschuß an Materie gekommen sein sollte, wenn wir von einem anfänglich streng symmetrischen Weltall ausgehen. Sie fordern ein neues Teilchen, das X-Teilchen oder X-Boson. Dieses X-Teilchen und sein Antiteilchen $\overline{X}$ vermögen nämlich die Symmetrie zwischen Materie und Antimaterie zu stören.

Wir bewegen uns nunmehr in zeitlichen Bereichen, die weit jenseits menschlicher Anschauung liegen. Wem kann das schon etwas sagen –

0,000 000 000 000 000 000 000 000 000 000 01 Sekunden?

Bis zu dieser unvorstellbar kurzen Zeit von 10^{-35} Sekunden nach der Geburt des Universums sollten X-Teilchen und $\overline{X}$-Teilchen bei den extrem hohen Temperaturen in großer Zahl entstanden sein. Da sich stets Teilchen und Antiteilchen

1) X ⟶ u-Quark + u-Quark   etwas günstiger als 2 = 1 Mrd. + 1
   4/3   2/3   2/3
                                                   ⟶ u + u

2) X̄ ⟶ ū-Quark + ū-Quark   etwas ungünstiger als 1 = 1 Mrd.
   -4/3   -2/3   -2/3

3) X ⟶ d̄-Quark + Positron   etwas ungünstiger als 4 = 1 Mrd. - 1
   4/3   1/3   1
                                                   ⟶ d + e

4) X̄ ⟶ d-Quark + Elektron   etwas günstiger als 3 = 1 Mrd.
   -4/3   -1/3   -1

Abb. 45: Der Zerfall der X- und X̄-Teilchen in Quarks und Antiquarks

bilden, entstand exakt die gleiche Anzahl X- und X̄-Teilchen. Die Teilchen zerfielen gleich wieder, aber sie zerfielen nicht gleichmäßig in Quarks und Antiquarks. Wir wählen nun zwei mögliche Zerfallsarten aus *(Abb. 45)*. Der Zerfall des X-Teilchens nach (1) ist nach den neuen GUTs um ein winziges günstiger als der entsprechende Zerfall des Antiteilchens nach (2). Daraus folgt bei gleicher Anzahl von X- und X̄-Teilchen, daß (3) etwas ungünstiger als (4) ist. Die Zahlen unter den Übergängen geben die Ladungen der Teilchen an. Da sie in jedem Fall erhalten bleiben, müssen die Ladungen der X- und X̄-Teilchen vor dem Zerfall und der Teile nach dem Zerfall in der Summe gleich sein.

An einem einfachen Beispiel läßt sich die wundersame Entstehung der Materie, aus der wir bestehen, leicht klarmachen. Aus der Strahlung sind zunächst exakt gleichviel X- und X̄-Teilchen entstanden, sagen wir, insgesamt 2 Milliarden X-Teilchen und 2 Milliarden X̄-Teilchen. Auf 1 Milliarde + 1 Zerfälle der Materieteilchen nach (1) kommen nur 1 Milliarde Zerfälle der Antimaterieteilchen nach (2). Dann vernichten sich die Milliarden *u*-Quarks und *ū*-Quarks wieder nach dem Materie-Antimaterie-Prinzip und werden zu Strahlung. Zwei *u*-Quarks aus dem Zerfall nach (1) mehr als nach dem Zerfall (2) aber finden keinen Partner; sie bleiben übrig. Da wir von exakt je 2 Milliarden X- und X̄-Teilchen ausgegangen sind, ergeben sich die Zerfälle nach (3) und (4) von selbst.

Hier behalten wir ein *d*-Quark und ein Elektron übrig, insgesamt also

	2 *u*-Quarks	1 *d*-Quarks	1 Elektron
Ladung	$2/3 + 2/3$	$-1/3$	-1

Die beiden *u*-Quarks und das *d*-Quarks bilden nun ein Proton *(Abb. 40)* mit der Ladung + 1. Das Weltall enthält die genau gleiche Anzahl Protonen und Elektronen, das daher als Ganzes elektrisch neutral sein sollte. Ein Proton und ein Elektron aber sind die Bestandteile des einfachsten aller Elemente, des Wasserstoffs. Wir haben einen möglichen Zerfallsmodus der X-Teilchen dargestellt; sie können auch auf andere vergleichbare Weise zerfallen, so daß auch Neutronen entstehen. Protonen und Neutronen können aber auch ineinander übergehen.

Schon 10^{-33} Sekunden nach der Geburt des Kosmos konnten X-Teilchen nicht mehr aus der Strahlung gebildet werden, da die Energie hierfür nicht ausreichte, so daß zu dieser Zeit der geringe Überschuß an Materie vorhanden gewesen sein sollte. Alles was wir im Kosmos an Materie beobachten, die Sterne, das Gas und die Staubwolken, alle Atome, auch wir selbst, bestehen aus jenem geringen Überschuß an Materie, der damals, unmittelbar nach dem Punkt Null aus einem anfänglich symmetrischen Weltall über die X-Teilchen entstand. Unter einer Milliarde Strahlungsquanten schwamm jeweils ein einziges Proton und Elektron. Das Verhältnis kann sogar gemessen werden aus der bekannten Energie der 3 K-Strahlung und den Massen des Weltalls. Ein Kubikzentimeter enthält etwa 400 Photonen. Ansonsten besteht das Universum fast nur aus Nukleonen, also Kernteilchen; etwa 99,95% der Masse sind Protonen und Neutronen. In einem Raum von zehn Kubikmetern sind nur wenige Kernteilchen enthalten. Daraus folgt ein Verhältnis der Kernteilchen zu den Photonen von eins zu einer Milliarde. Diese Zahl ist zugegeben noch sehr ungenau, da die Massen des Weltalls nicht genau bekannt sind.

Es sind der Teilchen wenig genug, aber es reichte für dieses ganze gewaltige Universum. Wir könnten uns allerdings darüber verwundern, warum bei so hohem Aufwand so viel verschwendet wurde. Ging es denn nicht billiger? Andererseits müssen wir daran denken, daß dieser kleine Unterschied in der Zerfallswahrscheinlichkeit der X- und $\overline{\text{X}}$-Teilchen überhaupt erst die Voraussetzung für diese ganze Welt ist. Wären die Teilchen mit gleicher Wahrscheinlichkeit zerfallen, wäre ein bloßer Strahlungskosmos entstanden. Kein Wunder, daß mancher Zeitgenosse zuerst ins Staunen und danach ins Grübeln kommt. Wo ist die metaphysische Kraft, könnte man fragen, die diese Welt auf so einzigartige Weise einrichtete?

Der direkte Nachweis des vorerst allerdings noch hypothetischen X-Teilchens scheint ausgeschlossen. Seine Masse liegt weit über der des Protons, und selbst die Energie der größten Beschleunigungsanlage der Welt reicht bei weitem nicht aus, um das Teilchen zu erzeugen. Es besteht aber die Möglichkeit eines indirekten Nachweises, denn die Theorie fordert auch die endliche Lebensdauer des Protons, von dem bisher angenommen wurde, daß seine Lebensdauer unendlich groß, daß es also stabil sei. Der sowjetische Physiker Sacharow hatte die Vermutung schon Anfang der siebziger Jahre ausgesprochen, im Rahmen der GUTs ergibt sich diese Forderung zwingend. Die Lebensdauer des Protons muß auf jeden Fall sehr groß sein. Der menschliche Körper enthält $2 \cdot 10^{28}$ Protonen. Daraus läßt sich abschätzen, daß die mittlere Lebensdauer mindestens 10^{16} Jahre betragen muß. Andernfalls wäre die Strahlenbelastung durch den Zerfall für den Organismus so groß, daß wir wohl alle oder die meisten an Krebs stürben. Die Zahl von 10^{16} Jahren aber sollte man sich dahingehend klarmachen, daß sie eine Millionmal das heutige Weltalter ist. Andere Überlegungen treiben die Grenze bis auf 10^{19} Jahre hoch. Nach der einfachsten GUT sollte die mittlere Lebensdauer 10^{30} bis 10^{32} Jahre betragen, in der Tat eine unvorstellbar große Zahl, die aber doch endlich ist. Nach anderen GUTs wäre die Lebensdauer sogar noch größer. Die Erde würde durch den Zerfall des Protons weniger als ein Gramm Protonen im Jahr verlieren.

Ein möglicher Zerfall des Protons ist in *Abb. 46* dargestellt. Nähern sich die beiden u-Quarks innerhalb des Protons sehr stark, können sie zu einem X-Teilchen kombinieren, das sogleich in ein Positron und ein $\overline{d}$-Quark zerfällt. Dieses

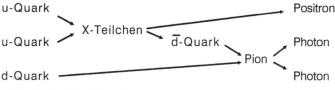
Abb. 46: Der Zerfall des Protons

$\bar{d}$-Quark und das ursprüngliche d-Quark des Protons vereinen sich zu einem Pion, das ist ein Meson *(Abb. 40)*, das aber sofort zerfällt; da es aus Materie und Antimaterie besteht, ist es nicht stabil. Als Ergebnis des Protonenzerfalls bleiben ein Positron und zwei Photonen.

Ziel der Physiker ist es nun, den Protonenzerfall experimentell nachzuweisen, um so indirekt auch die Existenz jenes exotischen und für die Entstehung der Welt so wichtigen X-Teilchens beweisen zu können. Aber auch der Nachweis des Protonenzerfalls ist sehr schwierig, denn bei der ungeheuer langen Lebensdauer zerfallen Protonen doch sehr selten. Eine Menge von 160 Tonnen Wasser enthält 10^{32} Protonen, so daß im günstigsten Fall mit hundert Zerfällen, vielleicht aber auch mit nur einem Zerfall im Jahr oder noch weniger gerechnet werden kann. Immerhin, an einem Dutzend Laboratorien der Welt wird an diesem Nachweis gearbeitet. Hier dürfte ein Nobelpreis für den bereit liegen, dem der Nachweis gelingt.

Was aber geschah während der Zeit von null bis 10^{-34} Sekunden?

Es wird immer schwieriger. Bei einer Zeit von $5{,}4 \cdot 10^{-44}$ Sekunden, einer Temperatur von 10^{32} Grad und einer Dichte von 10^{93} Gramm im Kubikzentimeter sollte die gesamte Masse des überschaubaren Universums in einem Volumen mit dem Radius eines Hundertstel Millimeters konzentriert gewesen sein. Wir sind an einer Grenze angelangt. Unsere Vorstellungen von Raum und Zeit gelten nicht mehr. Dieser Zustand kann nur im Rahmen einer einheitlichen Theorie, der einer quantisierten Gravitationstheorie, verstanden werden. Wir wiesen schon darauf hin, daß es eine solche Theorie noch nicht gibt.

Nach jener charakteristischen Zeit von $5,4 \cdot 10^{-44}$ Sekunden bestand die Ursuppe aus Quarks, Leptonen, Photonen und einer Reihe weiterer exotischer Teilchen, nicht zuletzt aber aus jenen so wichtigen X-Teilchen. Wir haben den Anschluß an unsere vorherigen Ausführungen erreicht.

Der Punkt Null

Die Allgemeine Relativitätstheorie führt zu einem zeitlichen Anfang des Universums. Gehen wir auf der Zeitskala zurück, nähern wir uns einem Zustand, da die physikalischen Größen extreme Werte annehmen. Massendichte und Temperatur waren ungeheuer groß. Letztlich, so sagt die Theorie, entwickelte sich das Universum aus einem Zustand unendlich großer Dichte und unendlich hoher Temperatur. Das ist der Punkt Null, an dem das Universum mit einem beachtlichen Knall existent wurde und zu expandieren begann. »Vorher« konnte es keinen Raum und keine Materie geben, weil es kein »vorher« gab. Die Zeit hatte einen Anfang, und mit diesem Anfang traten Raum und Materie als Universum, was immer das zu dieser Zeit sein mochte, in Erscheinung.

Das endliche Modell theoretisch möglicher Kosmen entwickelte sich aus einem mathematischen Punkt heraus. Auf die Schwierigkeiten des unendlich großen Weltalls in der Nähe des Punktes Null hatten wir schon im 2. Kapitel hingewiesen. Ein unendlich ausgedehntes Weltall kann nicht auf ein endliches Volumen, also auch nicht auf einen Punkt zusammenschrumpfen. Schneiden wir aber aus diesem unendlich großen Raum einen endlichen Raumteil heraus – wir nehmen wieder das Volumen des »überschaubaren Universums« –, kann dieser Raumteil beliebig klein werden. Außerhalb dieses Raumteils existieren aber unendlich viele weitere derartige Raumteile; auch während der Schrumpfung, also der Verringerung der Abstände zwischen der Materie, bleiben der Raum und die Materiemenge unendlich. Dennoch existiert – nach der Theorie! – auch für dieses Modell der Punkt Null, an dem der unendliche Raum mit der unendlich vielen Materie von dem großen Knall begleitet in Erscheinung trat. Die wirkliche Welt sollte oder könnte einem der beiden Modelle entsprechen.

Jener Punkt Null wird von den Physikern exakter die »Anfangssingularität« genannt, und Singularitäten sind in der Mathematik und in der theoretischen Physik nichts Ungewöhnliches. Sie besagen, daß die mathematischen Formeln oder physikalischen Gesetze an einem bestimmten Ort oder zu einem bestimmten Zeitpunkt versagen: die physikalischen Größen werden unbestimmt oder gehen entgegen der physikalischen Wirklichkeit gegen Unendlich. Solche Singularitäten müssen dann gesondert behandelt werden, wenn das überhaupt gelingt.

Bei unseren kosmologischen Modellen haben wir eine solche Singularität mit Massendichte und Temperatur gegen Unendlich. Zeitlich positiv gerechnet heißt das, Raum, Zeit und Materie entstanden »aus dem Nichts«, und das kann nur auf unscharfe Weise unser Nichtwissen ausdrücken, denn was soll das schon heißen, »aus dem Nichts«? Wenn wir von einer Entstehung der Materie sprechen, meinen wir nicht, eine ursprünglich vorhandene Substanz, in welcher unvorstellbaren Form auch immer, wäre in den heute bekannten Zustand der Materie übergegangen; es handelt sich vielmehr um eine tatsächliche Neuentstehung. Die Schwierigkeit, ein Etwas vorauszusetzen, das in die Materie übergeht, würde zu einem Widerspruch führen, da ja Zeit und Materie miteinander gekoppelt sind. Ein schon vorhandenes Etwas könnte nur in der Zeit existieren; die Zeit entstand aber mit der Materie.

Der Weltanfang stellt eine weitere wichtige Frage, die an den Grundlagen der Physik rüttelt: Warum entstand da so plötzlich ein Weltall, welches war die Ursache hierfür?

Die Antwort könnte so lauten: Wir dürfen nicht fragen, was »vorher« war, da es ein »vorher« nicht gegeben hat. Da die Zeit erst mit dem Urknall zu fließen begann, ist es sinnlos zu fragen, was die Ursache jenes doch so wichtigen Ereignisses der Entstehung einer Welt war. Raum und Zeit entstanden spontan, ohne gegenwärtig oder überhaupt jemals erkennbare Ursache. Gab es kein »vorher«, kann es keine Ursache geben.

Das ist durchaus logisch. Wir können ein Ereignis nur in der Zeit auf ein anderes Ereignis als Ursache zurückführen. Aber die Zeit soll im Augenblick des Anfangs auch erst entstanden sein. Die Ursache für den Urknall wäre dann außer-, vorzeitlich – eine logisch und physikalisch unsinnige Annahme.

Die Problematik stellt sich in ähnlicher Weise noch einmal bei der Endsingularität. Glauben wir der Theorie, könnte der räumlich endliche Kosmos in sehr ferner Zukunft seine Expansion umkehren und kontrahieren, um letztlich in einem mathematischen Punkt wieder zu verschwinden. Raum, Zeit und Materie hätten aufgehört zu existieren. Es gibt keinen Kosmos und keine Physik mehr. Für den menschlichen Geist ist das ebenso schwer vorstellbar wie der Zustand davor, ebenfalls ohne Kosmos. Aber das Geschehen muß nicht so enden; es ist nur ein theoretisches Modell, das in der Wirklichkeit vielleicht gar nicht existiert. Für das offene Modell bietet die Theorie kein solches Ende an.

In der Physik gilt nach allen bisherigen Erfahrungen das Kausalitätsprinzip: Nichts geschieht ohne Ursache. Kein Physiker denkt daran, diese fundamentale Erfahrung aufzugeben. Sollte es beim Universum anders sein? Sollte tatsächlich vor rund 20 Milliarden Jahren ohne Ursache – und das kann nicht heißen »ohne erkennbare Ursache« – aus dem räumlichen und zeitlichen Nichts ein Kosmos entstanden sein? Es ist keineswegs verwunderlich, daß viele Physiker das nicht hinnehmen und das Kausalitätsprinzip bei der Geburt des Kosmos aufgeben wollen.

Die Anfangssingularität stellt noch immer das größte Problem innerhalb der heutigen Theorie von der Entstehung und Entwicklung des Universums dar. Die Naturwissenschaftler des 19. Jahrhunderts sahen ein zeitlich unendliches Weltall stets als vernünftiger an, da es ihnen eine Erklärung für den Anfang der Welt ersparte. An die Schöpfung wollten sie in der Zeit des physikalischen Fortschritts nicht mehr glauben. Einsteins räumlich begrenzter, aber seit ewigen Zeiten existenter Kugelraum erklärt sich aus dieser Tradition. Als er sein Kosmosmodell später aufgegeben hatte, war ihm die Anfangssingularität immer verdächtig; er glaubte nicht, daß sie einen physikalisch realen Zustand darstellen könnte. Diese Meinung wird weiterhin von vielen Physikern geteilt. Der Weltanfang ist ihnen eine nur mathematische Singularität. Die Theorie beschreibt die reale Welt nicht genau genug. Die Idealisierungen, die bei der mathematischen Modellierung der physikalischen Wirklichkeit stets durchgeführt werden – denken wir an das Postulat der Homogenität und der Isotropie – könnten zu weit getrieben sein. Einstein neigte dieser Auffassung zu.

Es könnte auch sein, daß die Theorie selbst noch nicht genau genug ist, daß sie gewisser Korrekturen bedarf, die zwar unter »normalen« Bedingungen vernachlässigt werden können, bei sehr hoher Dichte aber so wesentlich werden, daß sie zu einem falschen Ergebnis führen. Nicht zuletzt aber spielen in dem Zustand ungeheurer Dichte und höchster Temperatur Quanteneffekte eine wesentliche Rolle. Bisher betrachten wir die Gravitation und die Quanteneffekte für sich, denn wir besitzen keine einheitliche Theorie. Eine solche einheitliche Feldtheorie könnte zu anderen Aussagen führen, insbesondere über die ganz frühe Phase, wodurch sogar der Punkt Null in einer Weise vermieden würde, die wir heute noch nicht voraussehen.

Die Physiker haben sich bei ihren Erklärungsversuchen bis auf $5{,}4 \cdot 10^{-44}$ Sekunden an den Punkt Null herangewagt, in der Tat eine unvorstellbar kleine Zeitspanne. Oberhalb dieser Schwelle können Aussagen über die Entwicklung des Kosmos jeweils auf der Grundlage verschiedener physikalischer Einzeltheorien gemacht werden: der Relativitätstheorie, der Elementarteilchentheorie, der Quantenmechanik, der Thermodynamik (Wärmelehre). Jenseits dieser Schwelle aber können Aussagen auf der Grundlage dieser Theorien für einen Ausschnitt der materiellen Welt nicht mehr gemacht werden. Die Einstein-Friedmann-Gleichungen führen zwar zu einem Weltanfang, diese Gleichungen reichen aber zur Beschreibung des physikalischen Zustandes des Universums in unmittelbarer Nähe des Punktes Null nicht aus. Daher ein »Stop« bei $5{,}4 \cdot 10^{-44}$ Sekunden. Zur Beschreibung des extremen Zustands, in dem sich das Universum innerhalb dieser winzigen Zeitspanne befindet, bedarf es einer umfassenden Theorie, einer gesicherten »Supergravitation«. Der »Newton«, der das schafft, ist aber noch nicht bekannt. Jener Zeitraum von Null bis $5{,}4 \cdot 10^{-44}$ Sekunden aber ist für Überraschungen allemal gut. Hier sind Erkenntnisse über Raum, Zeit und Kausalität zu erwarten, die unser heutiges Wissen oder Unwissen vom Anfang der Welt völlig umwerfen können. Viel wahrscheinlicher aber werden mögliche künftige Erkenntnisse eine obere Grenze erheblich über jenen $5{,}4 \cdot 10^{-44}$ Sekunden für die Anwendbarkeit der Allgemeinen Relativitätstheorie ergeben.

Natürlich möchten wir wissen, warum und wie diese Welt entstand. Handelt es sich doch um eine ganz fundamentale Frage, vielleicht um die fundamentalste unseres Seins überhaupt, aber Weltanfang und Welturschache sind uns verborgen. Wir sollten für die Zukunft eine ganz neue Erklärung dessen, was wir den zeitlichen Anfang der Welt nennen, nicht ausschließen. Vielleicht müssen wir eines Tages erkennen, daß eine zeitliche Grenze oberhalb des Punktes Null existiert, die wir niemals unterschreiten können, daß wir eine Grenze der Erkenntnis akzeptieren müssen. Die Grenze kausaler Erklärungen kann nicht beliebig weit rückgeführt werden. Es muß eine Stelle geben, da es nicht mehr weiter geht, da wir einen Zustand als seinsgegeben hinnehmen müssen. Wo dieser kritische Punkt liegt, bleibt vorerst aber offen.

»Nichts geschieht ohne Ursache« ist ein Glaubenssatz der klassischen Physik. Durch die Quantenmechanik, der Physik im atomaren und subatomaren Bereich, wurde uns ein veränderter Kausalitätsbegriff aufgezwungen. Wir können in der Mikrophysik nicht mehr einzelne Ereignisse vorhersagen, indem wir sie auf ein anderes Ereignis als Ursache zurückführen. Der Zeitpunkt des Zerfalls eines Atoms ist ein solches Ereignis, das nicht berechnet werden kann. Die Physiker können allerdings bei einer großen Anzahl von Atomen vorhersagen, wie viele von ihnen innerhalb einer bestimmten Zeit zerfallen werden. Es ist naheliegend, den Ursprung des Weltalls in einem solchen unvorhersagbaren Ereignis zu sehen. Aber diese Aussage wäre nur formal und keine wirkliche Erklärung. Beim Weltall geht es nicht um ein einzelnes Atom, sondern um eine sehr große Anzahl von Teilchen.

Die »Quantenfeldtheorie« versuchte sich ebenfalls an der Singularität. Ihr leerer Raum hat mit dem Vakuum der klassischen Physik wenig gemein, denn dieser Raum ist angefüllt mit »virtuellen«, mit möglichen Teilchen, also nicht real existierenden Teilchen, mit Photonen, Elektronen und Positronen. Dieser unanschauliche Zustand aber war instabil; der Anfang war danach der Übergang von der möglichen zur realen Materie. Kein Urknall mit anfänglich unendlich großer Materiedichte, sondern ein »big bounce«, ein »Ur-Sprung« vom Möglichen zum Realen bei sehr großer, aber endlicher Energiedichte. Diese Überlegungen unterscheiden sich von den Einstein-Friedmann-Kosmen ganz wesentlich, als sie Raum und Zeit schon voraussetzen. Die Materie bildete sich im leeren, aber energiegefüllten Raum in der Zeit. Dieser Kosmos wäre auch ein sphärisch in sich geschlossener Raum, also mit endlichem Volumen; er würde dennoch zeitlich unendlich ins räumlich Unendliche expandieren. Wir kommen auch bei Annahme dieser Hypothese nicht so sehr viel weiter, da wir nach dem Ursprung jenes energieerfüllten Raumes fragen könnten. Ansonsten sei dem mit nichtklassischer Physik nicht vertrauten Leser erlaubt, über die Unanschaulichkeit und das Unverständnis dieser Hypothese schnell hinwegzugehen, eben weil es nur eine Hypothese ist, und es ist schwer einzusehen, wie solche Vorstellungen bewiesen werden könnten.

Jüngst hat ein Buch von Stephen W. Hawking Schlagzeilen gemacht. Er und Roger Penrose hatten 1970 nachgewiesen, daß es eine Singularität gegeben haben muß, wenn die Relativitätstheorie stimmt. Nun glaubt Hawking, diese Singularität doch vermeiden zu können. Der endliche dreidimensionale Raum ohne Grenzen wurde in diesem Buch hier erklärt (S. 25). Hawking meint, die Zeit könnte wie der Raum eine endliche Größe und doch ohne Anfang sein. Das Weltall hätte also nicht nur keine räumlichen, es hätte auch keine zeitlichen Grenzen. Es wäre vollständig in sich geschlossen. Die Singularität, der Weltanfang sollte auf diese schwer verständliche Weise vermieden werden.

Die noch unerklärliche Entstehung des Universums führt beinahe zwangsläufig zum theologischen Begriff der Schöpfung. Akzeptieren wir die spontane Entstehung von Raum, Zeit und Materie, und schreiben wir dieses Ereignis einem Schöpfer zu, müßte dieser Schöpfer außerhalb von Raum und Zeit existiert haben, was sich zwar leicht niederschreiben, aber nicht vorstellen läßt. Das sollte kein Hindernis für solchen Glauben sein, denn wer dieses Universum zu schaffen vermochte, kann wohl auch raum- und zeitunabhängig existieren. Der Urknall wäre dann ein Schöpfungsakt im Sinne eines Übergangs von der Metaphysik zur Physik. Das widerspricht keineswegs der Physik, denn die Physik beginnt ja erst mit oder gleich nach dem Punkt Null. Irgendwie kommt einem allerdings die Frage in den Sinn, weshalb dieses Universum vor 20 Milliarden Jahren entstanden ist und nicht früher oder später. Eigentlich – wegen dieses schwierigen zeitlichen Anfangs – müßten wir es so ausdrücken: Weshalb hat sich die Schöpfung nicht so ereignet, daß das Weltall jetzt keine 20, sondern erst 10 oder auch schon 30 Milliarden Jahre alt ist? Die Schöpfung ist nicht nur ein Ausweg, sie wirft auch Fragen auf.

Papst Pius XII. hielt 1951 vor Mitgliedern der päpstlichen Akademie in Rom einen Vortrag über die Ergebnisse der wissenschaftlichen Kosmologie. Wenn schon ein Papst über ein Thema wie den Anfang der Welt spricht, sieht er darin selbstverständlich die Schöpferkraft Gottes. Lemaître, der nicht nur Astrophysiker sondern auch Priester war, wurde von Kollegen und Laien manchmal vorgehalten, er habe seine Universen erfunden, weil sie mit dem zeitlichen Anfang der Welt zumindest indirekt einen Schöpfungsakt enthalten. Lemaître wies das zurück, Zeitgenossen hatten aber den Eindruck, daß ihm diese Deutung des Urknalls nicht unwillkommen war.

Die meisten Naturwissenschaftler sahen und sehen das keineswegs so und suchen weiter nach einer rationalen Lösung. Seit jenem Vortrag des Papstes in Rom sind Jahrzehnte vergangen und neue Erkenntnisse hinzugekommen, die kosmologische Situation hat sich aber nicht grundlegend geändert. Die Welt begann mit dem großen Knall! Dennoch hört man heute kaum Meinungen aus kirchlichen und jedenfalls nicht aus offiziellen Kreisen. Die peinlichen Vorgänge früherer Jahrhunderte, die mit den Namen Kopernikus oder Galilei verknüpft sind, mahnen auch zur Vorsicht. Die Meinung hat sich wohl durchgesetzt, so daß ein Papst in naturwissenschaftlichen Erkenntnissen keinen Gottesbeweis mehr sehen möchte.

Das Interesse an den Fragen der Kosmologie, insbesondere an der Kosmogonie ist groß. Immerhin hängt dieser Komplex eng mit metaphysischen Fragen nach Ursprung und Ziel des Menschen zusammen. Die Frage nach Weltschöpfung oder Weltentstehung aber ist keine Frage der Physik. Die Kosmologie und die Kosmogonie können die Frage nach einer göttlichen Kraft weder bejahen noch verneinen. Der Glaube an den Schöpfer bleibt persönliche Auffassung jedes Menschen. Rationales Denken führt weder zum Schöpfer noch von ihm weg. Für die Kosmologie heißt Weltentstehung vorerst, daß das Universum aus einem Zustand hervorgegangen ist, der sich unserer Erkenntnis entzieht. Der Punkt Null ist die Schnittstelle zwischen einer heute erkennbaren physikalischen Wirklichkeit und einem anderen abstrakten, eben metaphysischen Zustand, da nach heutigem Wissen die uns bekannten Begriffe von Raum, Zeit und Materie versagen. Wir halten uns aber den Ausweg künftiger Erklärung offen, wie immer eine solche Erklärung aussehen mag.

KAPITEL 7

DIE ZUKUNFT

Die verzögerte Expansion

Aus den Einsteinschen Gravitationsgleichungen lassen sich drei verschiedene Modelle für den Kosmos herleiten. Da ist einmal der räumlich endliche und in sich geschlossene Kosmos. Seine Expansionsbewegung sollte in ferner Zukunft zum Stillstand kommen. Danach setzt die Kontraktion ein, und am Ende seiner vielen Jahrmilliarden wird dieser Kosmos in der Endsingularität, im »big crunch«, in einem umgekehrten Urknall enden *(Abb. 6 und 9)*. Die beiden anderen theoretischen Modelle haben zwar ebenfalls einen zeitlichen Anfang mit Urknall, sie sind aber räumlich unendlich ausgedehnt und werden ins zeitlich Unendliche hinein expandieren.

Die Physik der frühen Zeit des Kosmos – Bruchteile von Sekunden bis etwa 100000 Jahre nach dem Punkt Null – unterscheidet sich nicht davon, ob das Weltall zeitlich und räumlich endlich oder unendlich ist. Daher konnten wir diesen frühen, heißen Zustand des Kosmos einheitlich darstellen. Selbstverständlich interessiert die Naturwissenschaftler, und gewiß nicht nur sie, die Zukunft des Universums, also die Frage, welches Modell das reale ist. Mag uns vielleicht das eine Modell lieber sein als das andere, die Auswahl des realen Kosmos aus den doch erheblich unterschiedlichen theoretischen Modellen kann nur empirisch, also durch Beobachtung und Messung erfolgen.

Grundsätzlich kann nun tatsächlich entschieden werden, in welchem Typ Friedmann-Kosmos wir existieren. Diese Entscheidung wird durch zwei Größen festgelegt:

1. Die Hubblekonstante, die ein Maß für die gegenwärtige Expansionsgeschwindigkeit des Kosmos darstellt;
2. Der Decelerations- oder Verzögerungsparameter, der ein Maß für die ständige Abbremsung der Expansion ist.

Die Expansionsgeschwindigkeit war während der Existenz des Kosmos kein fester Wert; sie war früher größer. Die ständige Abnahme der Geschwindigkeit der auseinanderfliegenden Galaxien hat ihre Ursache in der wechselseitigen Anziehung der Massen im Weltall. Bei geringer Massendichte ist eine entsprechend geringe gegenseitige Anziehungskraft vorhanden, so daß die dadurch verursachte Abbremsung die Expansionsgeschwindigkeit zwar verlangsamen, die unbegrenzte Ausdehnung aber nicht verhindern kann. Bei großer Dichte reicht die gegenseitige Anziehung der Massen aus, um die Bewegung zu stoppen. Die Massen stürzen dann infolge dieser Anziehungskraft wieder aufeinander zu. Dazwischen liegt eine kritische Massendichte, bei welcher der Umschwung erfolgt. Der hyperbolische, offene, also unendlich große Raum geht in den sphärischen, in sich geschlossenen, also endlichen Raum über. Die Krümmung wechselt von negativen zu positiven Werten. Der Raum bei dieser kritischen Massendichte ist daher der ungekrümmte, also ebene euklidische Raum unserer Anschauung. Dieser Raum hat ebenfalls unendliche Ausdehnung *(Tab. 4)*.

Um den Sachverhalt etwas anschaulicher zu machen, wollen

Krümmung	*Raumform*	*Raumgröße*	*Massendichte im Weltall*	*zeitliche Entwicklung*
negativ (< 0)	hyperbolisch, offen	unendlich	Massendichte < kritische Dichte	geringe Abbremsung, Kosmos expandiert für immer
null (= 0)	euklidisch, eben	unendlich	Massendichte = kritische Dichte	Grenzwert, Expansion währt zwar ewig, nähert sich aber der Null
positiv (> 0)	sphärisch, in sich geschlossen	endlich	Massendichte > kritische Dichte	starke Abbremsung, Expansion kehrt zur Kontraktion um

Tab. 4 Beziehungen zwischen verschiedenen kosmologischen Größen

wir uns auf den Boden der klassischen, der Newtonschen Physik stellen und den senkrecht nach oben gerichteten Wurf eines Körpers betrachten. Wird der Körper mit geringer Geschwindigkeit geworfen, kann er der Anziehungskraft der Erde nicht entrinnen, und er fällt wieder zurück auf den Boden. Der Vorgang entspricht dem endlichen Weltall. Die Bewegungsenergie der auseinanderfliegenden Galaxien reicht nicht aus, um die gegenseitige Anziehungskraft durch die Gravitation zu überwinden. Die Geschwindigkeit verlangsamt sich, kommt zum Stillstand, und die Galaxien stürzen wieder aufeinander zu. Ist die Geschwindigkeit des in die Höhe geworfenen Körpers aber groß genug, kann er die Anziehungskraft der Erde überwinden, und er wird auf immer durch den unermeßlichen Raum fliegen. Das entspricht den hyperbolischen Kosmos, der auf ewig expandiert. Dazwischen liegt ein Grenzfall. Der Körper verläßt zwar die Anziehungskraft der Erde, es dauert aber unendlich lange. Das wäre dann der vergleichbare Fall des euklidischen Universums. Die Hubblekonstante als Maß der heutigen Ausdehnungsgeschwindigkeit des Universums ist nur als ungenauer Wert bekannt. Noch schwieriger aber ist die Ermittlung des Verzögerungsparameters. Je weiter eine Galaxie von uns entfernt ist, um so schneller fliegt sie von uns weg. Blicken wir in große Entfernungen, heißt das auch wegen der Dauer, die das Licht unterwegs war, daß wir weit in die Vergangenheit zurückblicken. Wären die Galaxien zu allen Zeiten mit der gleichen Geschwindigkeit auseinandergeflogen, bestünde zwischen Entfernung und Geschwindigkeit ein streng linearer Zusammenhang *(Abb. 47),* entsprechend der geraden, durchgezogenen Linie. War die Geschwindigkeit in der Vergangenheit aber größer, ergäbe sich eine Abhängigkeit, entsprechend der gestrichelten Linie. Die fernen Galaxien zeigen uns die größere Expansionsgeschwindigkeit jener frühen Zeit, da sie das Licht, das uns heute erreicht, aussandten. Aus dem Unterschied mehrerer solcher Meßwerte in verschiedenen Entfernungen könnte die Verzögerung grundsätzlich ermittelt werden. Dieses so einfache Prinzip kann bisher in der Praxis allerdings nicht mit ausreichender Genauigkeit verwirklicht werden.

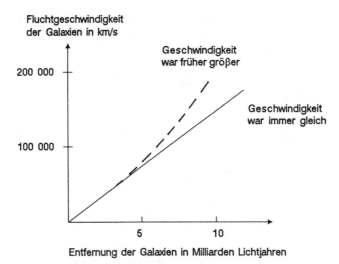

Abb. 47: Nach der Theorie sollten die Galaxien in früherer Zeit schneller auseinandergedriftet sein als heute

Wegen des bekannten zahlenmäßigen Zusammenhangs zwischen der Verzögerung der expandierenden Galaxien und der Dichte im Weltall kann die vorerst nicht bestimmbare Verzögerung aber durch die Ermittlung der Massendichte ersetzt werden. Die Messungen der mittleren Dichte im Weltall stützen sich auf die Abschätzung der Galaxienmassen. Hierbei wird vorausgesetzt, daß die Massendichte dort am größten ist, wo die Galaxien am hellsten sind; es wird ein direkter Zusammenhang zwischen Leuchtkraft und Massendichte angenommen. Die Forscher messen also die Dichte der leuchtenden Materie in den Galaxien. Für unser Milchstraßensystem ergeben sich so rund 100 Milliarden Sterne innerhalb der Sonnenbahn. Auf andere Weise berechnete Galaxienmassen liefern die gleiche Größenordnung, die überhaupt für große Spiralgalaxien gültig sein sollte: 100 bis 200 Milliarden Sonnenmassen. Diese Größenordnung trifft auch für den Andromedanebel zu. Auf der Grundlage ihrer Leuchtkraft wurden die Massen zahlreicher typischer Galaxien abgeschätzt. Sie liegen zwischen einigen Milliarden und mehreren Tausend Milliarden Sonnenmassen. Die Materie schön gleichmäßig über den ganzen Raum verteilt, ergibt dann eine mittlere Dichte des Weltalls von $2 \cdot 10^{-31}$ Gramm im Kubikzentimeter. Etwas anschaulicher ausgedrückt heißt das, es befinden sich etwa drei Wasserstoffkerne (Protonen) in einem Volumen von zehn Kubikmetern. Die kritische Dichte aber liegt bei $5 \cdot 10^{-30}$ Gramm im Kubikzentimeter oder 75 Wasserstoffkernen in zehn Kubikmetern. Die mittlere Dichte im Weltall ist allerdings nur sehr ungenau bekannt. Ständig werden voneinander abweichende Zahlen veröffentlicht. Eines aber ist ihnen gemeinsam: Die kritische Dichte erreichen alle diese Zahlen bei weitem nicht. Das würde dann heißen, der Kosmos ist ein unendlicher Raum und expandiert zeitlich unbegrenzt. Die Materie verliert sich im Laufe vieler Jahrmilliarden im räumlich Unendlichen.

Aber die Astrophysiker von heute sind skeptisch und fragen: Findet sich im Weltall noch unsichtbare Materie, welche die Dichte jener kritischen Dichte näherbringt, sie sogar übersteigen könnte? Diese Materie dürfte dann nicht mit der angegebenen Methode aus der Leuchtkraft der Galaxien berechnet werden. Es müßte »dunkle Materie« sein.

Die fehlende Masse

Erste Zweifel an der Richtigkeit der Massenberechnungen von Galaxien waren schon in den dreißiger Jahren aufgetaucht. Im allgemeinen sind die äußeren Grenzen von Galaxienhaufen unscharf, ihre Abgrenzung von anderen Haufen ist nicht eindeutig, aber viele Galaxienhaufen weisen annähernd Kugelgestalt auf. Das gilt auch für den Galaxienhaufen im »Haar der Berenike«, 400 Millionen Lichtjahre entfernt. Mit Tausenden von Einzelgalaxien ist er einer der reichsten Haufen überhaupt. In der Mitte ist die Galaxiendichte sehr groß. Die Kugelgestalt aber kann nur das Ergebnis eines Gleichgewichts zwischen den Eigenbewegungen der Galaxien und deren gegenseitiger Massenanziehung sein. Berechnungen zeigen nun, daß die Masse aller Galaxien, wie sie vorher ermittelt wurde, nur 10 bis 20%

jener Masse ausmacht, die erforderlich wäre, um den Haufen in seiner Kugelgestalt zu erhalten, um also zu verhindern, daß die Galaxien auseinanderlaufen und sich unregelmäßig im Weltraum verteilen *(Abb. 48)*. Bei dem Haufen im Sternbild Perseus müßte die Masse gar zwanzigmal so groß sein als bisher angenommen.

Über die Röntgen- und Radiostrahlung konnte nachgewiesen werden, daß Gas zwischen den Galaxien großer Haufen existiert. Die Gesamtmasse dieses Gases liegt in der Größenordnung der Massen sämtlicher Galaxien der jeweiligen Haufen, aber das reicht bei weitem nicht aus, um die fehlende Masse zu erklären. Also sollte der größte Teil der fehlenden

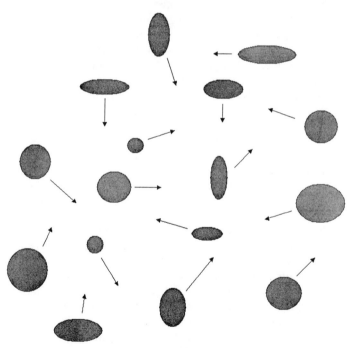

Abb. 48: Galaxien in einem Galaxienhaufen haben eine unregelmäßige Eigenbewegung, durch die sich der Haufen eigentlich auflösen sollte, wäre da nicht die Gravitationsanziehung

Masse in den Galaxien selbst konzentriert sein. Der sicherste Beweis dafür, daß die Massen der Galaxien in der Vergangenheit erheblich unterschätzt wurden, folgt aber aus den Messungen der Rotationsgeschwindigkeiten der Galaxien.

Galaxien rotieren nicht als starre Gebilde. Gehen wir von der klassischen Annahme aus, daß die Materiedichte im Kern am größten ist und mit wachsender Entfernung vom Zentrum abnimmt, dann sagen die Gesetze der Himmelsmechanik aus, daß die Bahngeschwindigkeit eines Sterns, einer Gas- oder Staubwolke mit wachsender Entfernung vom Zentrum zunächst zunimmt, um danach mit noch größerer Entfernung vom massereichen Kern gesetzmäßig wieder abzunehmen, entsprechend der durchgezogenen Linie in *Abb. 49*. Solche Messungen der Geschwindigkeit innerhalb einer Galaxie in Abhängigkeit von der Entfernung vom Zentrum wurden an Spiralgalaxien, deren struktureller Aufbau die besten Voraussetzungen hierfür bietet, durchgeführt. Natürlich lassen sich keine Positionsänderungen einzelner Sterne nachweisen; das gelingt nicht einmal bei dem nahegelegenen Andromedanebel. Bewegte sich ein Stern in dieser Galaxie mit einer Geschwindigkeit von 200 km/s, dauerte es immerhin 20 000 Jahre, ehe er sich um eine einzige Bogensekunde weiterbewegt hätte. Das ist unmeßbar. Geschwindigkeiten können aber indirekt durch die Verschiebung der Spektrallinien im ausgesendeten Licht, also durch den Dopplereffekt gemessen werden, auf welche Weise ja auch die Fluchtbewegung der Galaxien nachgewiesen wurde.

Nun lassen sich auf solche Weise wiederum nicht die Geschwindigkeiten einzelner Sterne in außergalaktischen Systemen bestimmen, denn entfernte Galaxien können gar nicht in Einzelsterne aufgelöst werden. Ausgedehnte Wolken aus Wasserstoff und Helium um heiße, stark leuchtende Sterne sind dafür aber geeignet. Dennoch sind solche Messungen sehr schwierig und langwierig.

Die gemessenen Geschwindigkeiten zeigen nun, daß diese zunächst mit wachsendem Abstand vom Zentrum ansteigen, wie es nach der Theorie sein muß. Danach aber fallen die Geschwindigkeiten nicht ab, wie es bei einer ausgeprägten

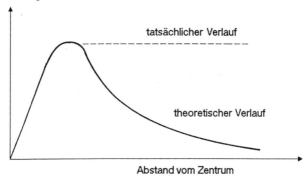

Abb. 49: Theoretischer Bewegungsverlauf von Sternen und Gaswolken (durchgezogene Linie) und tatsächlicher Verlauf (gestrichelte Linie) innerhalb einer Galaxie

Massenkonzentration im Zentralbereich der Galaxie sein müßte. Die Geschwindigkeiten bleiben vielmehr bis in Entfernungen von mindestens 100000 Lichtjahren etwa konstant (gestrichelte Linie in *Abb. 49*). Manchmal scheinen sie sogar noch anzusteigen. Das kann aber nur heißen, die Masse der Galaxie ist nicht im Zentrum konzentriert. Die Helligkeitsverteilung kann also kein Maß für die Massenverteilung sein. Der Verlauf der Kurven weist vielmehr darauf hin, daß ganz erhebliche Mengen nichtleuchtender Materie in den mittleren und äußeren Bereichen einer Galaxie vorhanden sein müssen. Die Wissenschaftler konnten abschätzen, daß bis zu 90% der Masse einer Galaxie nichtleuchtend sein muß, um den gemessenen Geschwindigkeitsverlauf erklären zu können. Die Massen der Spiralgalaxien müßten also zehnmal so groß sein als bisher angenommen. Die Galaxien sollten daher auch räumlich viel ausgedehnter sein.

Trotz größter Schwierigkeiten konnten auch in der Galaxis Hinweise darauf gefunden werden, daß unser heimatliches Sternsystem viel größer ist als bisher angenommen wurde. So zeigte sich, daß die Geschwindigkeiten von Kohlenmonoxyd- und Wasserstoffwolken keineswegs nach der angegebenen einfachen Beziehung abnehmen. Die Geschwindigkeiten bleiben vielmehr bei der der Sonne von 220 km/s etwa konstant. Messungen an Kugelsternhaufen führen zu dem gleichen Ergebnis.

Dann müßte der Radius der Galaxis mindestens dreimal und die Sternenmasse gar zehnmal so groß sein als bisher angenommen. In Zahlen ausgedrückt hieße das, die Galaxis enthält weit über den Halo hinaus bis in eine Entfernung von 300 000 Lichtjahren Materie, und ihre Gesamtmasse erreicht oder übersteigt eine Billion (10^{12}) Sonnenmassen. Der Bereich jenseits des Halo bis zu den wirklichen Grenzen der Galaxis wird Korona genannt, ein vorerst noch hypothetisches Gebilde. Nach der Annahme eines sehr viel größeren Milchstraßensystems müßten dann aber einige der schon lange bekannten kleineren Galaxien, wie die Kleine und die Große Magellansche Wolke und einige kugelförmige Zwerggalaxien, Teil der Galaxis sein. Der überwiegende Teil dieser Korona aber sollte aus dunkler Materie bestehen.

Die elliptische Riesengalaxie M 87 im großen Virgo-Haufen *(Abb. 24)* strahlt sowohl im Radiowellen- wie im Röntgenbereich. Die Strahlung kommt von einem sehr heißen Gas mit einer Temperatur von 30 Millionen Grad. Die heiße Gaswolke hat einen Durchmesser von rund einer Million Lichtjahren. Da sich ein heißes Gas ausdehnt, müßte sich eigentlich auch die Gaswolke ausdehnen, ja, sie sollte sich längst im Raum verflüchtigt haben. Da das nicht der Fall ist, wird sie offensichtlich von der Gravitationskraft der Galaxie festgehalten. Es läßt sich nun abschätzen, wie groß die Masse der Galaxie sein müßte, um das Gas festzuhalten, und das führt zu dem überraschenden Ergebnis, daß M 87 mehrere hundertmal so groß wie das Milchstraßensystem sein sollte, und das Milchstraßensystem gehört ja ebenfalls schon zu den großen Sternsystemen. Dann aber müßte M 87 dreißigmal größer sein als bisher angenommen.

Aber weiter, M 87 ist von einem schwach leuchtenden Halo umgeben, der, vom Mittelpunkt aus gerechnet, mindestens eine halbe Million Lichtjahre weit in den Raum hinausreicht. Die Spektralanalyse führt zu dem Ergebnis, daß dieser Halo nicht aus Gas, sondern aus Sternen besteht. Um auch diese Sterne an der Galaxie festzuhalten, ist wieder die Gravitationskraft einer Masse nötig, wie sie beim Gas als erforderlich errechnet wurde. Die Masse von M 87 sollte also sehr viel größer sein als nach den klassischen Methoden ermittelt wurde. M 87 ist aber nur ein Beispiel von vielen; ein solcher schwach leuchtender Halo wird auch bei anderen Riesengalaxien beobachtet. Offensichtlich sind die elliptischen Riesengalaxien sehr viel massereicher als bisher angenommen.

Die Astronomen bezweifeln heute kaum noch, daß das Weltall viel mehr Masse enthält, als sie noch vor Jahren glaubten. Wahrscheinlich ist sogar der größte Teil der Materie im Weltall dunkel, so daß er sich weder mit einem Fernrohr noch mit anderen Beobachtungsmitteln nachweisen ließ. Das könnten alte, ausgebrannte und extrem lichtschwache Sterne sein; vielleicht sind sogar Schwarze Löcher darunter. Um die kritische Masse zu erreichen und zu übertreffen, müßte die Masse der nichtleuchtenden Materie allerdings zwanzig- bis dreißigmal so groß wie die der leuchtenden Materie sein. Daran glauben die Astronomen noch nicht. Zwar könnte es im Mittel der Faktor 10 sein, mehr wird aber kaum erreicht, jedenfalls nicht durch solche »klassischen« Massen. Gibt es denn noch andere Arten Materie?

Der ganze Komplex verborgener Materie ist gegenwärtig ein sehr aktuelles Thema, so daß es an Vorschlägen nicht mangelt. Die Astronomen und Hochenergiephysiker ziehen inzwischen durchaus die Möglichkeit in Betracht, daß im Weltall noch manche unbekannte Art Materie herumvagabundiert. Dazu zählen eine Reihe hypothetischer Teilchen. Auf dem Wege zur »Einheitlichen Feldtheorie« werden sie immer wieder einmal vorgeschlagen; die Physiker sprechen ironisch von den »...inos«, beispielsweise dem Photino. Aber auch Klumpen reiner Quarkmaterie werden nicht ausgeschlossen. Und noch eine Möglichkeit hat sich in jüngster Zeit angeboten.

In jener extrem heißen Frühphase des Kosmos hatten sich auch Neutrinos gebildet, und zwar in sehr großer Zahl. Sie entstehen übrigens auch heute noch bei den Kernreaktionen in den Sternen. Diese sehr kleinen Teilchen schwirren nun durch den Raum und durchdringen dabei mühelos Materie. Die Physiker hatten angenommen, daß diese Teilchen wie die Lichtquanten, die Photonen, keine Ruhemasse haben, so daß sie sich folgerichtig mit Lichtgeschwindigkeit bewegen müßten, um überhaupt existent zu sein. Nun glauben sie aber, die Neutrinos könnten doch eine Ruhemasse haben. Sie würden sich dann selbstverständlich nicht mit Lichtgeschwindigkeit bewegen. Die vermutete Ruhemasse der Neutrinos wäre winzig, vielleicht ein Zehntausendstel der Ruhemasse eines Elektrons.

Aber die Theoretiker sagen, daß auf jedes Kernteilchen eine Milliarde Neutrinos kommen. Wegen dieser großen Zahl wäre die Gesamtmasse der Neutrinos im Kosmos ebenfalls entsprechend groß. Tatsächlich würde deren Masse weit über der Gesamtmasse aller Galaxien liegen. Neutrinos mit Masse würden dann einen erheblichen Beitrag zu den vermuteten »dunklen« Galaxienmassen liefern.

Noch können keine exakten Werte angegeben werden; Neutrino-Experimente sind sehr schwierig durchzuführen, da diese Teilchen ja so schrecklich klein sind. Sie vermögen ob ihrer Winzigkeit eine Masse wie die der Erde zu durchqueren. Sollte sich aber die Vermutung bestätigen, hätte die Wahrscheinlichkeit, daß die kritische Materiedichte des Weltalls erreicht und überschritten wird, erheblich zugenommen. Dann könnten wir allerdings in einem räumlich endlichen Universum existieren, das dann auch zeitlich endlich sein wird.

Das offene Universum

Weltanfang und Weltende sind wesentlicher Bestandteil der Glaubenswelt, beides auf den Menschen bezogen. Den Weltanfang übernahmen die Physiker schon vor Jahrzehnten von den Theologen und machten ihn zum Objekt naturwissenschaftlicher Forschung. Die christliche Eschatologie sagt etwas aus über das Ende der Welt, das Jüngste Gericht und die Auferstehung der Toten. Für die Physiker war das Weltende seit Clausius und seinem noch sehr verschwommenen »Wärmetod« kein Thema mehr. Erst seit wenigen Jahren sehen sie wieder Sinn darin, sich mit der zukünftigen Entwicklung des Universums zu beschäftigen.

Im Falle unterkritischer Dichte ist dieses Universum unendlich groß und wird bis in die gedanklich schwer faßbare zeitliche Unendlichkeit hinein expandieren. Sterne entstehen, strahlen für Jahrmilliarden und sterben. Nach Verbrauch ihrer Kernenergie stürzen sie, gelegentlich von dem spektakulären Ereignis einer Supernova begleitet, in einem Gravitationskollaps zusammen. Es entstehen Weiße Zwerge, Neutronensterne und Schwarze Löcher; Materie wird ins All geschleudert. Sterne entstehen erneut aus den Gas- und Staubwolken, aber dieser Zustand sollte nicht immer so fortgehen. Ausgehend vom heutigen Zustand der Welt blickten die Physiker in eine so ferne Zukunft, daß dagegen das heutige Alter des Universums geradezu lächerlich klein wirkt.

Kann es in einer sehr fernen Zukunft von vielen, vielen Milliarden Jahren, zu einer Zeit, da die Sonne schon eine halbe Ewigkeit lang ihr Dasein beendet hat, noch irgendwo eine Intelligenz geben, die den langsamen Tod des Universums beobachten wird?

Es dauert sehr lange, bis in den letzten Sternen der letzte Kernbrennstoff verbraucht ist, also der Wasserstoff zu Helium und letztlich zu Eisen verschmolzen wurde. Die Physiker sagen dafür ein Weltalter von 10^{14} 100 000 Milliarden Jahren voraus, und das ist immerhin fünf- oder zehntausendmal das heutige Weltalter. Zeiten können nun nur noch als Größenordnungen angegeben werden. 100 000 Milliarden Jahre lassen den Sterblichen, der nicht gewohnt ist, in solchen Dimensionen zu denken, schon fassungslos werden, aber es kommt noch viel schlimmer.

Die Sternmaterie hat sich nun in Weißen Zwergen, Neutronensternen und Schwarzen Löchern angesammelt. Die zunächst sehr heißen Weißen Zwerge kühlen langsam, sehr langsam ab und werden zu Schwarzen Zwergen, kleinen, dichten, kalten Materieklumpen. Während der ganzen Zeit dieser Entwicklung kommt es auch zu Sternbegegnungen. Sterne, die sich einander stark nähern, können über die Gravitationskräfte Bewegungsenergie austauschen. Dabei kann einer der beiden Sterne so viel Bewegungsenergie gewinnen, daß er die Anziehungskraft innerhalb der Galaxie überwinden und das Sternsystem verlassen kann. Gleichzeitig verliert der andere Stern Bewegungsenergie und wird zum Zentrum der Galaxie gezogen. Er stürzt schließlich in das Zentrum. Schon heute wird in den Zentren der Galaxien ein Schwarzes Loch vermutet. Ein Stern nach dem anderen erleidet dieses Schicksal; nach 10^{18} Jahren sollten sämtliche Restgalaxien zu Schwarzen Löchern geworden sein.

Inzwischen ist jene Zeit von 100 000 Milliarden Jahren bis zur Erschöpfung der Energievorräte des Universums schon wieder zehntausendmal vergangen. Das Gesamtalter des Universums läßt sich zwar durch diese banale Zahl 10^{18} Jahre wiedergeben, aber das ist eine Eins mit 18 Nullen:

$$1\,000\,000\,000\,000\,000\,000 \text{ Jahre}$$

Es erscheint unmöglich, Zeiten der Anschauung nahebringen zu wollen, in denen sich die Zukunft des Universums entwickelt.

Das weitere Schicksal des offenen Universums hängt davon ab, ob die GUTs und ihre Vorhersagen richtig sind. Das betrifft vor allem den Zerfall des Protons mit einer mittleren Lebensdauer von 10^{30} bis 10^{32} Jahren. Hier zeigt sich, wie sehr die Zukunft noch von Annahmen abhängt; der Zerfall des Protons ist ja noch nicht bewiesen. Wir sollten daher bei allen Überlegungen über die Zukunft wesentliche Korrekturen für wahrscheinlich halten. Gehen wir von einer endlichen Lebensdauer des Protons aus, dann zerfallen bei jenen Sternen, welche die Galaxien verlassen haben, ständig Protonen und Neutronen. Die Zerfallsteilchen Elektron, Positron und Photon verbleiben im Sterninnern und treten mit sich und anderen Teilchen in Wechselwirkung. Nur die kleinen Neutrinos können den Stern verlassen. Der ausgebrannte Stern kann sich durch die Protonenzerfälle bis auf 100 K erhitzen. Um das Jahr 10^{30} oder 10^{32} werden die meisten Protonen und Neutronen zerfallen sein.

Die Hintergrundstrahlung kühlt ab. Sie wird um diese Zeit bei 10^{-15} K oder auch schon bei 10^{-20} K liegen; das hängt von der Dichte des Universums und damit von der Expansionsgeschwindigkeit ab. Aber das dünken uns schon Nebensächlichkeiten. Letztere Zahl sagt aus:

$$0{,}000\,000\,000\,000\,000\,000\,01 \text{ Grad}$$

Wir haben es bei diesem Thema mit den großen und den kleinen Zahlen.

Da im Universum auch noch Reste von Gas und Staub vorhanden sind, werden auch hier die Protonen zerfallen. Üblicherweise vereinigen sich Elektronen und Positronen und werden zu Photonen, also zu Strahlung, in dem inzwischen stark expandierten Universum ist die Materiedichte aber so klein geworden, daß sich Elektronen und Positronen nur noch selten treffen. Tatsächlich sollte der mittlere Abstand zwischen einem Elektron und einem Positron im Jahre 10^{30} in der Größenordnung von hunderttausend Lichtjahren liegen. So dünn ist die Materie inzwischen in einem Universum geworden, das 10^{20} mal so alt wie unsere heutige Welt ist. Nach 10^{32} bis 10^{34} Jahren, das ist das Hundertfache des mittleren Lebensalters eines Protons, dürften praktisch die Kernteilchen aller Sterne und der letzten interstellaren Materie zerfallen sein. Das Weltall besteht aus Elektronen, Positronen, Neutrinos und Photonen in höchster Verdünnung.

Aber da sind noch die Schwarzen Löcher, die der Restgalaxien und die der Einzelsterne. Nach der Allgemeinen Relativitätstheorie sollten aus den Schwarzen Löchern weder Teilchen noch Strahlung entweichen können, nach Stephen Hawking gilt das aber nur bedingt.

Stephen Hawking, Professor in Cambridge, Jahrgang 1942, gehört zu den bedeutendsten Physikern unserer Zeit. Eine schwere Krankheit fesselt ihn seit über zwanzig Jahren an den Rollstuhl. Er kann seine Gedanken nicht mehr schriftlich niederlegen, da ihm die Hände nicht gehorchen. Nach einer Kehlkopfoperation kann er sich nur noch über einen Sprachcomputer verständigen, den er mit einem Finger seiner linken Hand betätigt.

Wir wiesen wiederholt darauf hin, daß die Physiker noch

keine einheitliche Theorie für die Gravitation und die Physik im atomaren Bereich haben. Stephen Hawking hat aber den Versuch unternommen, diese Vereinigung für ein Teilgebiet der Physik durchzuführen. Die neue vereinheitlichte Theorie sagt dann eine geringe Wahrscheinlichkeit dafür voraus, daß doch Teilchen das Schwarze Loch verlassen können, etwa Photonen, Elektron-Positron-Paare, aber auch Paare von Proton-Antiproton und Neutron-Antineutron. Die Theorie sagt weiter, daß die Wahrscheinlichkeit für das Verlassen eines Teilchens um so größer ist, je geringer die Masse des Schwarzen Loches ist. Anfangs werden also die Schwarzen Löcher der Einzelsterne »verdampfen«, bei den »Schwarzen Galaxienlöchern« verläuft der Vorgang zunächst nur sehr langsam. Da das Schwarze Loch aber im Laufe der Zeit, die ja reichlich zur Verfügung steht, kleiner wird, geht das »Verdampfen« immer schneller vor sich.

Ein Schwarzes Loch von zehn Sonnenmassen benötigt 10^{60} Jahre bis zur völligen Auflösung. Bei einem solchen Gebilde mit der Masse einer Galaxie sollte es aber 10^{100} Jahre dauern. In seiner letzten Phase kann die geringere Gravitation des Schwarzen Loches die Materie nicht mehr zusammenhalten. Die Größe liegt nun weit unter der eines Moleküls. Das winzige, aber immer noch massereiche Gebilde explodiert.

Nach dem Zerfall der letzten Protonen und Neutronen schwimmen im Raum einige Elektronen, Positronen und Photonen. Der Kosmos dämmert einer nicht faßbaren Unendlichkeit entgegen.

Das geschlossene Universum

Manchem Zeitgenossen ist diese Art Ende makaber, sein Verstand sträubt sich gegen einen so hoffnungslosen Kosmos. Gab es einen – anscheinend oder scheinbar – ursachenlosen Anfang, sollte es ein wirkliches, ein definitives Ende geben, sagen sie. Tatsächlich, ein ganz anderes Ende wäre diesem Kosmos beschieden, ist seine Massendichte doch größer als die kritische Dichte. Dann würde sich die Expansion dieses räumlich endlichen und in sich geschlossenen Kosmos durch die gegenseitige Anziehung der Massen so sehr verlangsamen, daß sie nach vielen Milliarden Jahren zum Stillstand kommt. Die Energie der Fluchtgeschwindigkeit hat sich erschöpft, nun überwiegt die gegenseitige Anziehung der Massen, und sie stürzen mit wachsender Geschwindigkeit aufeinander zu. Das Weltall kontrahiert; es wird wieder kleiner. War die Zukunft des offenen Universums der Kältetod, wird das geschlossene Universum den Hitzetod erleiden.

Es ist kaum vorherzusagen, wann der Wechsel von der Expansion zur Kontraktion stattfinden wird. Das hängt neben der Hubblekonstanten, also der Größe der gegenwärtigen Expansionsgeschwindigkeit, von der mittleren Materiedichte ab. Liegt diese nur wenig oberhalb der kritischen Dichte, könnte die Expansion so lange dauern, daß bereits alle Kernteilchen zerfallen sind, ehe es zur Umkehr kommt. Aber das ist ein sehr unwahrscheinlicher Grenzfall. Viel wahrscheinlicher wird die Umkehr vor dem völligen Protonenzerfall kommen, zu einer Zeit, da das Universum Weiße Zwerge, Neutronensterne und die Schwarzen Löcher einstiger Sterne enthält.

Da möchten wir direkt staunen. Könnte man doch auf den Gedanken kommen, wie wohlgeordnet und sinnvoll dieses Universum eingerichtet ist. Droht es seinen Sinn zu verlieren, indem es mit Weißen Zwergen, Neutronensternen und Schwarzen Löchern dem Leben keine Lebensmöglichkeiten mehr bietet, siehe da, kehrt es um. Vielleicht erfolgt der Umschwung schon lange vorher. Auch im zusammenziehenden Universum könnten mit Leben besetzte Planeten noch eine ganze Reihe von Jahrmilliarden existieren. Nach der Umkehr würde sich für einen astronomischen Beobachter eine verwirrende Situation ergeben. Astronomisch nahe Objekte würden dann eine Violettverschiebung der Spektren zeigen, denn das Universum kontrahiert ja nun. Sehr entfernte Objekte weisen dagegen eine Rotverschiebung auf, denn das Licht wurde zu einer Zeit ausgesendet, da das Weltall noch expandierte. Dazwischen liegt eine Kugelschale, da das Licht der Galaxien – wenn sie noch leuchten – das normale Spektrum ohne Linienverschiebungen zeigt. Schließlich beobachtet die Intelligenz, daß auch die entfernten Galaxien auf sie zustürzen.

Ist die Intelligenz intelligent genug, wird sie das kaum beunruhigen, denn lange ehe es gefährlich wird, dürfte sein heimatliches Sternsystem nicht mehr existieren.

Die kosmische Hintergrundstrahlung würde während der Kontraktionsphase wieder zu höheren Temperaturen übergehen. Die Galaxien nähern sich weiter. Die Zeit, die das Universum noch existiert, wird nicht mehr in Milliarden, sie wird nur noch in Millionen Jahren gemessen. Die Galaxien nähern sich so weit, daß sie sich durchdringen. Die Temperaturen erreichten schließlich einige tausend Grad und brächten feste Körper zum Verdampfen. Selbst die ausgebrannten Sterne lösten sich auf; und der enger gewordene Raum füllte sich mit glühendem Plasma. Expansion und Kontraktion haben die gleiche Zeitdauer. Würde es 1000 Milliarden Jahre dauern, bis die Expansion zum Stillstand kommt, würden noch einmal 1000 Milliarden Jahre bis zum Ende des Universums, bis zum »big crunch«, dem Endknall, vergehen.

Die Temperatur erreichte wieder mehrere Milliarden Grad, die Atomkerne zerfallen, und es entsteht das von der Urphase her bekannte Gemisch aus Protonen, Neutronen, Elektronen, Neutrinos und deren Antiteilchen, und natürlich sehr energiereicher Photonen. Wieder bilden sich aus Strahlung Teilchen und Antiteilchen, um sich sogleich wieder in Strahlung aufzu-

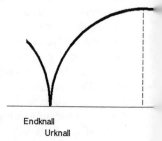

Abb. 50: Das endliche oszillierende Universum als unendliche Folge von Welten zwischen Urknall und Endknall

lösen. Schließlich aber lösen sich Raum und Zeit auf; die kosmologische Endsingularität wird erreicht. Mit Raum, Zeit und Materie hat der Kosmos aufgehört zu existieren. Die Frage nach dem Danach erscheint dann ebensowenig sinnvoll wie während der Urphase die Frage nach dem Davor.

Im Grunde genommen macht das Universum in seiner Spätphase die umgekehrte Entwicklung seiner Frühphase durch. Allerdings sind da die zahlreichen Schwarzen Löcher, die es am Anfang nicht gab; sie entstanden während der Lebensdauer des Universums. In der heißen und dichten Spätphase stürzt zunehmend Materie in diese Schwarzen Löcher, und wir vermuten auch, daß sich zwei Schwarze Löcher vereinigen, wenn sie sich nahe genug kommen. Zum Schluß müßten dann alle Schwarzen Löcher zu einem einzigen großen Schwarzen Loch verschmelzen. Wie es weitergeht – der Kollaps jenes Schwarzen Loches, das nun die gesamte Masse des Universums enthält – weiß niemand. Allerdings...

Es besteht eine Alternative. Die kosmologische Endsingularität könnte vermieden werden, wenn der Kosmos infolge seiner ungeheuren Dichte einfach abprallt, wenn er danach wieder zu expandieren beginnt *(Abb. 50)*. Dieser Vorgang sollte sich immer wiederholen. Nach einem Zustand ungeheurer Dichte und höchster Temperatur expandierte der Kosmos

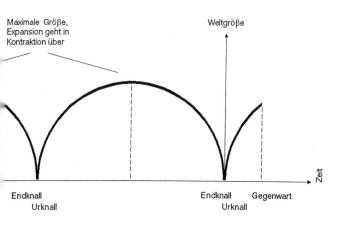

erneut, entstünden Sterne und Sternsysteme, entwickelte sich Leben auf den Planeten, formte sich Intelligenz. Wir hätten ein oszillierendes Weltall ohne strukturelle Auflösung von Raum und Zeit. Die Temperatur müßte während der Endphase mindestens 10 Milliarden Grad erreichen, damit die während der Lebensdauer des Kosmos zwischen Ur- und Endknall gebildeten schweren Elemente wieder zerfallen, denn der Kosmos begann seine Expansion mit jener Ursuppe aus Strahlung und Elementarteilchen. Daran zweifeln die Physiker nicht.

Wir könnten an zwei Möglichkeiten denken. Jeder Kosmos zwischen Urknall und Urknall ist in seiner physikalischen Beschaffenheit völlig gleich. Die Kosmen wiederholen sich als identische Modelle von Phase zu Phase. Oder aber die Physik des Kosmos ändert sich nach jeder Phase als Folge der vorhergehenden Phase. Aber darüber kann nichts gesagt werden. Es sind vorerst (?) nur Gedankenspiele. Das oszillierende Universum hat selbstverständlich auch noch seine ungelösten Probleme. In seinem Endstadium müßte es angefüllt sein mit Schwarzen Löchern. Wie werden diese Dinger wieder aufgebrochen und zu einer neuen raum-zeitlichen Einheit verschmolzen? Mancher Physiker ist der Meinung, Schwarze Löcher könnten überhaupt nicht aufgebrochen werden, auch nicht in der letzten Phase des zusammenstürzenden Universums.

Durch das oszillierende Universum erledigte sich dieses so schwer zu verstehende Problem der Schöpfung, dieses ursachenlose Entstehen eines Kosmos aus dem Nichts. Physiker und Philosophen könnten nicht mehr darauf verweisen, daß es kein Davor, daß es einen Zustand ohne Raum und Zeit gegeben habe, einen Zustand, der außerhalb unserer Erkenntnis liegt. Das Davor liegt in der Phase der Kontraktion. Allenfalls wäre es gestattet, von einer unsicheren grauen Zone beiderseits des Punktes Null zu sprechen, wo sich Raum und Zeit mit der Materie naturwissenschaftlicher Beschreibung unter Bedingungen entziehen, die um Größenordnungen über der Dichte von Atomkernen liegen.

Mit dieser Lösung von Weltperioden erledigte sich die Frage

nach dem Ursprung der Materie. Sie wäre seit Unendlichkeit vorhanden und würde bis in unendliche Zeiten weiterbestehen. Sie macht allerdings periodisch während vieler Milliarden Jahre wesentliche strukturelle Veränderungen durch; die wechselseitige Umsetzung von Strahlung und Masse, der Aufbau schwerer Kerne aus Wasserstoff, die Erzeugung thermischer Energie, die Bildung komplexer Moleküle in lebenden Systemen.

Wir wären bei einer neuen Form der Unendlichkeit und neuen erkenntnistheoretischen und metaphysischen Fragen. Es muß aber darauf hingewiesen werden, daß ein oszillierendes Universum nur ein Gedankenmodell und keine Lösung im Rahmen bekannter Theorien ist.

KAPITEL 8

DIE NEUE TELEOLOGIE

Das unwahrscheinliche Universum

In den siebziger Jahren schob sich in der Kosmologie ein Aspekt in den Vordergrund, der sich auf den Menschen und seine Stellung in diesem unermeßlichen Universum bezieht. Die Physiker fragten, warum das Universum die von uns beobachteten und gemessenen, und warum es gerade diese Eigenschaften besitzt.

Diese Eigenschaften werden festgelegt durch physikalische Gesetze und wenige - etwa ein Dutzend - grundlegende physikalische Konstanten, also feste, vorgegebene Werte, die in den physikalischen Gesetzen enthalten sind. Das Newtonsche Gravitationsgesetz beispielsweise sagt etwas über die gegenseitige Anziehungskraft zweier Körper aus. Die Größe dieser Kraft wird durch die Gravitationskonstante festgelegt; sie ist eine solche physikalische Grundkonstante. Ihr Zahlenwert konnte gemessen, er kann aber nicht erklärt werden. Er wird als gegeben hingenommen. Eigentlich bezeugt die Gravitationskonstante daher eine Art Unwissenheit. Wir wissen nicht, weshalb diese Konstante so und nicht anders ist, und das heißt letztlich auch, wir wissen nicht, weshalb die Schwerkraft gerade so groß und nicht größer oder kleiner ist. Zu diesem Satz physikalischer Grundgrößen gehört auch die Lichtgeschwindigkeit. Wir haben keine Erklärung dafür, daß sie gerade 299 800 km/s beträgt und nicht kleiner oder größer ist. Dasselbe gilt für die Massen der Kernteilchen Proton und Neutron, die Masse des Elektrons und dessen elektrische Ladung, für die Hubblekonstante und die Materiedichte des Weltalls. Die letzten beiden Größen sind allerdings nicht konstant, sondern hängen vom Weltalter ab.

Die Welt ist, wie sie ist, aber die Frage ist durchaus berechtigt, ob eine andere physikalische Welt gedacht werden kann.

Scharfsinnige Überlegungen zeigen nun, daß jene physikalischen Grundgrößen nicht nur die Eigenschaften des Universums bestimmen, vielmehr verdankt dieses Universum seine Existenz überhaupt erst der Tatsache, daß diese Größen so und nicht anders sind. Es besteht ein sehr empfindliches Gleichgewicht. Wird eine der Größen gedanklich verändert, ergeben sich für das Universum und damit für das Leben und den Menschen weitreichende Folgen. Natürlich könnten auch einzelne Naturgesetze verändert werden, allerdings ist es dann wesentlich schwieriger, alle Folgen für die physikalische Welt zu durchdenken und zu verfolgen. Wir beschränken uns daher besser auf das einfachere. Wir kennen heute schon zahlreiche Beispiele für diese Feinabstimmung in der Natur. Mancher Physiker hat Spaß daran gefunden, die Konsequenzen bei Veränderungen fundamentaler physikalischer Größen zu verfolgen.

Wäre die starke Kraft, die innerhalb des Atomkerns wirkt *(Abb. 38* und *Tab. 3)* und hier die Kernteilchen Proton und Neutron zusammenhält, nur geringfügig schwächer, könnte es im Universum nur den Wasserstoff geben. Atome mit mehreren Kernteilchen wären nicht stabil; die etwas verringerte Kraft reichte nicht mehr aus, das Atom zusammenzuhalten. Aus Wasserstoff allein aber könnten wir wohl kaum bestehen. Wäre die Kraft nur geringfügig stärker, wäre es leichter, aus Wasserstoff Helium aufzubauen. Schon im Glutofen der Urexplosion wäre es dann zur vollkommenen Kernfusion gekommen. Kein Wasserstoff, nur noch Helium und schwerere Elemente hätte das Weltall nach diesem uranfänglichen Feuerwerk enthalten. Wie hätten dann Sterne entstehen können, die von der Fusion des Wasserstoffs zu Helium leben? Die starke Kraft ist also in sehr engen Grenzen gerade von solcher Stärke, daß dieses Weltall entstehen und sich entwickeln konnte.

Die elektromagnetische Kraft bindet die Elektronen an den Atomkern *(Abb. 38)*. Wäre diese Kraft geringer, als sie tatsächlich ist, könnten die Elektronen nicht am Kern festgehalten werden, und es würde keine Chemie geben. Wäre die Kraft aber stärker, müßten die Elektronen in den Kern stürzen, und wiederum wären chemische Reaktionen und damit die Existenz von Leben unmöglich. Aber auch die schwache Kraft reagiert auf Veränderungen folgenschwer. Eine gedachte Verringerung verhinderte die Verschmelzung von Wasserstoff zu Helium, und den Sternen fehlte die Energiequelle. Eine Erhöhung der schwachen Kraft würde wiederum bewirken, daß schon während des Urknalls alle Materie zu Helium verschmolzen wäre. Wir könnten aber auch an den Protonenzerfall denken. Sollten sich die Vermutungen der Physiker bestätigen, ist die mittlere Lebensdauer des Protons jedenfalls sehr groß und übersteigt das bisherige Alter des Universums noch um eine unvorstellbar große Zahl. Hätte das Leben bei seiner allerdings erstaunlichen Anpassungsfähigkeit die Strahlenbelastung bei einer erheblich niedrigeren Lebensdauer des Protons überwinden können? Wir vermögen diese Frage nicht zu beantworten, müssen aber feststellen, daß die Natur auch hier dem Leben günstig ist, daß sie es nicht behindert.

Eine Ruhemasse des Neutrinos wird neuerdings zwar vermutet, sie konnte bisher aber nicht bestätigt werden. Ein solcher Nachweis könnte weitreichende Folgen haben. Wir sind schon vorher (Seite 159) im Zusammenhang mit der »fehlenden Masse« darauf eingegangen. Bei nichtverschwindender Ruhemasse würde die große Anzahl der Neutrinos schnell die kritische Massendichte überschreiten lassen, so daß das Universum kein unendlich großer, sondern ein sich geschlossener, also endlicher Raum wäre. Schon 0,005% der Masse eines Elektrons für jedes Neutrino im Weltall würden hierfür ausreichen. Die Expansion der Massen würde dann immer mehr abnehmen und sich schließlich zur Kontraktion umkehren mit der Folge eines Rekollaps. Das dünkt uns allerdings nebensächlich: die Existenz des Erdenmenschen wird davon jedenfalls nicht berührt. Mag es auch Wissenschaftler interessieren! Die Ruhemasse des Neutrinos dürfte aber auch nicht wesentlich größer sein, denn dann würden die Massen der Neutrinos zu den Materieansammlungen der Galaxien gezogen. Die Galaxien wären aber in diesem Neutrinosee nicht stabil. Infolge der nunmehr beträchtlichen Schwerkraftwirkung der massebehafteten Neutrinos würden die Galaxien zerrissen. Stern- und Galaxienentwicklung hängen aber offensichtlich zusammen. Keine Galaxien, keine Sterne, keine Planeten, kein Leben, keine Menschen!

Unser Universum ist also ein ganz unwahrscheinlicher Fall angesichts der unzähligen denkbaren Zahlenwerte der physikalischen Grundkonstanten. Deren Abwandlung führt stets zu einem ganz anders gearteten Universum, so daß zumindest die Entwicklung von Leben unmöglich wäre. Es hat den Anschein, als wären die physikalischen Grundkonstanten nicht willkürlich, sondern so aufeinander abgestimmt, daß die Entwicklung von Leben garantiert ist. Es scheint, als wäre Leben nur in diesem realen Kosmos denkbar. Aber da ist noch das »Isotropieproblem«, das die Physiker vor allen anderen Überlegungen zum Grübeln brachte.

Die kosmische Hintergrundstrahlung ist für das Verständnis des evolutionären Universums von fundamentaler Bedeutung. Diese Strahlung erreicht uns aus allen Richtungen mit der gleichen Temperatur. Es läßt sich zeigen, daß aus dieser Gleichmäßigkeit der Hintergrundstrahlung ein überall gleichförmiges Universum folgt. Nirgendwo kann es großräumig Dichteunterschiede, Rotationen oder das Aneinandergleiten von Materieschichten geben. Es läßt sich weiter zeigen, daß dieses gleichförmige Universum schon zu früher Zeit bestanden haben muß. Strahlung und Materie trennten sich etwa 100 000 Jahre nach dem Urknall. Die freien Elektronen, an denen die Strahlung zunächst noch abgelenkt wurde, vereinigten sich mit den Protonen und Heliumkernen zu neutralen Atomen. Von dieser Zeit an existierten Strahlung und Materie für sich; sie beeinflußten sich nicht mehr gegenseitig. Wären zu dieser Zeit wesentliche Dichteunterschiede im Universum vorhanden gewesen, hätte sich das in der Hintergrundstrahlung niedergeschlagen. Wir müßten heute Unterschiede in der Temperatur feststellen, wenn wir unsere Messungen im Weltall in verschiedenen Richtungen vornehmen. Da wir solche Unterschiede nicht feststellen, muß das Weltall bei einem Alter von 100 000 Jahren schon gleichmäßig mit Materie erfüllt und ohne bevorzugte Bewegungen dieser Materie gewesen sein.

Nun kann die Expansion des frühen Kosmos kaum gleichmäßig verlaufen sein. Wir möchten sogar sagen, dieser grandiose Prozeß einer Weltentstehung müßte recht chaotisch vor sich gegangen sein. Da das Weltall heute eigentlich ganz ordentlich aussieht, ist anzunehmen, daß es sich später in irgendeiner Weise ausgeglichen hat.

Die Engländer Barry Collins und Stephen Hawking wollten es genau wissen. Sie untersuchten also, wie sich eine kleine Abweichung von dem gleichförmigen Weltall in seinem frühen Stadium nach dem Modell der *Abb. 2 b* (Anisotropie) in der weiteren Entwicklung auswirkt. Das Ergebnis war nicht vorherzusehen. Es konnte ja sein, daß sich solche Abweichungen, etwa größere Materiebewegungen in einer Richtung, im Verlauf der weiteren Entwicklung stets wieder ausbügeln, daß sich also das überall gleichförmige Universum letztlich bei allen kosmologischen Modellen einstellen würde. Aber das Ergebnis war ganz anders; es war geradezu sensationell.

Der in sich geschlossene, räumlich endliche Typ würde seine Unregelmäßigkeiten bis zum Ende allen Daseins, also bis zum »big crunch«, beibehalten. Beim offenen, dem räumlich unendlichen Typ würde eine solche Störung sogar noch weiter anwachsen; das System ist instabil. Sowohl die geschlossenen wie auch die offenen Modelle führen somit zu einem gegenwärtig einigermaßen chaotischen Weltall, was der Beobachtung widerspricht.

Es sei denn, das Weltall befindet sich zwischen den sphärischen und den hyperbolischen Räumen im Grenzzustand des euklidischen Raumes mit der Raumkrümmung null *(Abb. 3 b)*. Dann und nur dann glätten sich solche lokalen Schwankungen der Massendichte in späterer Zeit. Das Weltall sollte daher gerade mit solcher Geschwindigkeit expandieren, daß der Raum keine Krümmung aufweist, daß er der ebene euklidische Raum unserer Anschauung ist. Die Expansionsgeschwindigkeit muß sehr nahe der kritischen Geschwindigkeit, oder, und das ist die gleiche Aussage, die Massendichte muß in der Nähe der kritischen Dichte liegen. Nun folgen aus der Theorie eine unendlich große Zahl von Kosmen unterschiedlicher positiver und negativer Krümmung; der euklidische Raum ist einmaliger Grenzfall zwischen diesen beiden Arten. In *Abb. 51* ist das an einer Kurvenschar in der Ebene als Modell dargestellt.

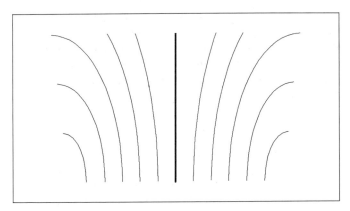

Abb. 51: Zu beiden Seiten der (ungekrümmten) Geraden kann eine unendliche Anzahl von Kurven unterschiedlicher Krümmung liegen. Die Gerade entspräche dem Grenzfall des euklidischen Raumes

Wenn sich also der Kosmos bei einer unendlichen Zahl von theoretisch möglichen Fällen gerade in diesem einen, ausgezeichneten Zustand befindet, ist das unendlich unwahrscheinlich. Weitere Überlegungen zeigen aber, daß dieser unwahrscheinliche Fall geradezu notwendig ist. Schon geringfügige Abweichungen davon führen zu schwerwiegenden Folgen. Diese Bedingung ist sehr scharf; fast unglaublich scharf.

Wäre die Expansionsgeschwindigkeit des sich ausdehnenden Universums eine Sekunde nach dem Punkt Null nur um den Millionstel Teil kleiner gewesen, wäre die Expansion schon nach 30 Millionen Jahren infolge der Massenanziehung wieder zum Stillstand gekommen. Das Universum wäre in sich zusammengestürzt, ehe sich Sterne hätten entwickeln können. Wäre die Geschwindigkeit aber um diesen geringen Betrag größer gewesen, hätte sich die Materie bei der Expansion immerhin so schnell verdünnt, daß sie nicht zu Sternen und Galaxien hätte kondensieren können. Bei der bekannten Größe der Gravitationskraft expandierte das Universum also mit höchster Genauigkeit gerade mit solcher Geschwindigkeit, daß sich Galaxien entwickeln konnten. Galaxien und Sterne sind aber die Voraussetzung für Planeten und für das Leben. In ihrem Atomofen bauen die Sterne aber auch die schweren Elemente auf. Bei der Explosion eines Sterns am Ende seines Daseins stehen diese Elemente für die Bildung neuer Sterne und Planeten zur Verfügung. Schwere Elemente sind neben mancherlei anderen Voraussetzungen für die Entwicklung und die Existenz des Lebens notwendig.

Das Anthropische Prinzip

Die Eigenschaften der Welt scheinen also nicht zufällig zu sein. Wir gewinnen den Eindruck, daß die Natur so eingerichtet ist, daß es letztlich das Leben und den Menschen geben kann. Diese erstaunliche Feinabstimmung der physikalischen Grundkonstanten und der Anfangsbedingungen des Weltalls ließ Collins und Hawking als erste den Schluß ziehen:

»Das Universum ist so, wie es ist, weil wir sind.«

Wäre das Universum nämlich anders, als es ist, wäre gar niemand da, der Fragen nach der Beschaffenheit des Universums stellen könnte, weil sich Leben nicht hätte entwickeln können. Im Jahre 1973 ging Brandon Carter auf einer Astronomentagung in Krakau noch weiter und formulierte das »Anthropische Prinzip« in einer schwachen und einer starken Version. Die schwache Version lautet: »Da es in diesem Universum Beobachter gibt, muß es Eigenschaften besitzen, welche die Existenz von Beobachtern zulassen.«

Eine solche Aussage ist keine fundamentale Entdeckung, und sie ist nicht problematisch. Sie stellt lediglich eine Beziehung zwischen dem realen Kosmos und dem Menschen dergestalt her, daß das Universum glücklicherweise so beschaffen ist, daß wir uns evolutionär entwickeln konnten. Das schwache Anthropische Prinzip ist aber keine Erklärung im naturwissenschaftlichen Sinne, so daß es von vielen Physikern als inhaltsleer abgelehnt wird.

Dennoch gibt dieses anscheinend oder scheinbar so sorgfältig abgestimmte Universum Anlaß für vielfältige Spekulationen. So wird gesagt, es könnten einstmals viele gegeneinander isolierte Universen entstanden sein. Jedes dieser Universen wird durch unterschiedliche physikalische Größen geprägt. Die meisten dieser Universen werden nicht die Bedingungen für die Existenz von Leben bieten. Einige von ihnen werden gleich nach ihrer Geburt wieder zusammengestürzt sein, andere expandierten so schnell, daß die Materie keine Zeit hatte, sich in Galaxien zu konzentrieren. Eine kleine Anzahl aber, zu der unser Universum gehört, ist zeitlich, räumlich und materiell so beschaffen, daß sich Intelligenzen entwickeln konnten, die diese und viele andere Fragen stellen können.

Wir spüren allerdings ein gewisses Unbehagen bei der Vorstellung, daß es so vieler Versuche, gewissermaßen einer ganzen Traube von Kosmen bedurfte, um einige wenige Kosmen, vielleicht nur einen einzigen Kosmos für das Leben und den Beobachter bereitstellen zu können. Das gilt auch für eine Variante der Vielwelthypothese. Wäre die kritische Massendichte doch überschritten, könnte das oszillierende Universum verwirklicht sein *(Abb. 50)*. Wir sehen davon ab, daß nach den Untersuchungen von Collins und Hawking eigentlich das euklidische Weltall verwirklicht sein sollte. Sicher ist sich noch niemand, und auch ohne das Isotropieproblem bleiben noch genug unerklärlich günstige Voraussetzungen für das Leben übrig. Nun müßten ja nicht immer gleiche oder ähnliche Universen entstehen. Die physikalischen Konstanten und Anfangsbedingungen könnten nach jedem End- und neuen Urknall anders sein. Die meisten dieser oft nur kurzlebigen Kosmen böten keine Voraussetzungen für Entstehung und Entwicklung von Leben. »Dann und wann« aber entstünde ein Kosmos, der für das Leben gerade richtig ist, wie es bei unserem gegenwärtigen Kosmos glücklicherweise der Fall ist. Wie bei der Hypothese mit vielen zeitlich parallelen Kosmen wären die meisten dieser zeitlich seriellen Kosmen nutzlos vom Standpunkt des Menschen aus betrachtet. Sollten wir ein ganz zufälliges Produkt innerhalb eines vergleichsweise kurzen Zeitraums bei einer unendlichen Folge von Welten sein?

Das starke Anthropische Prinzip lautet nach Brandon Carter: »Das Universum muß von solchen Gesetzen beherrscht sein, daß es zu irgendeinem Zeitpunkt seiner Lebensdauer einen Beobachter hervorbringt.«

Das ist nun eindeutig nicht mehr Physik, es ist Metaphysik, ist Philosophie, und es sind diesmal die Physiker, die solche Philosophie treiben, bevorzugt aus Großbritannien.

Hier wird also gesagt, daß sich von unzähligen denkbaren Universen ein ganz bestimmtes nicht nur herausgebildet hat, sondern herausbilden mußte, nämlich ein solches, das für die Entwicklung von Leben und Intelligenzen geeignet ist. Eine metaphysische Kraft müßte die physikalischen Gesetze und die Anfangsbedingungen des Universums so gestaltet haben, daß wir Menschen auf der Bühne der Natur erscheinen konnten. Hierin kommen teleologische Züge zum Ausdruck. Auf diese Weise wird dem Menschen die seit Kopernikus verlorene Mittelpunktstellung zurückgegeben. Aber wie anders sind die Dimensionen! Vom Mittelpunkt des Planetensystems zum Mittelpunkt eines grandiosen Weltalls. Mögen auch irgendwo noch andere Intelligenzen existieren, dann sind sie eben auch Mittelpunkt. Eigentlich müßten wir auf der Grundlage des Anthropischen Prinzips andere Intelligenzen sogar annehmen, denn wäre das Weltall nur für uns Erdenmenschen geformt worden, hätte es doch auch ohne die vielen Milliarden anderer Galaxien funktionieren müssen. Unser Planetensystem hätte doch eigentlich ausreichen sollen. War es notwendig, unzählige riesige Gaskugeln, also Sonnen, in die Welt zu setzen, nur damit es über uns nicht so schwarz ist und wir die Schönheit des Sternenhimmels genießen können? Aber vielleicht ließ sich das physikalisch nicht in kleinen Dimensionen verwirklichen.

Die Philosophie des Anthropischen Prinzips muß zwangsläufig die Religion auf den Plan rufen. Die Frage nach dem Schöpfer stellt sich schon durch den Urknall an sich, denn bisher sind wir von einer Antwort auf die Frage, weshalb dieser Urknall vor 10 oder 20 Milliarden Jahren stattfand, also der Frage nach der Ursache jenes folgenschweren Ereignisses, weit entfernt. Nun kommt die erstaunliche Erkenntnis hinzu, daß dieses Universum gerade so beschaffen ist, daß es uns überhaupt erst geben kann. Die Frage nach dem überräumlichen und überzeitlichen Urheber dieses feinabgestimmten Systems liegt auf der Hand.

Versuchen wir eine subjektive Wertung des Anthropischen Prinzips. Durch scharfsinnige Überlegungen konnte vielfach gezeigt werden, daß Abwandlungen einzelner Naturgrößen das Weltall so sehr verändern, daß es ganz anders aussehen müßte, daß es längst wieder verschwunden wäre, daß es zumindest ein Weltall ohne Leben und Intelligenzen wäre. Wir müssen aber fragen, ob das überhaupt zulässig ist, ob es nicht zu Widersprüchen führen *muß*, wenn wir einzelne Grundgrößen verändern, die anderen aber unverändert belassen.

Die Welt wird von einer umfassenden Naturgesetzlichkeit beherrscht. Ohne solche Überzeugung hätte es gar keinen Sinn, nach einer Einheitlichen Feldtheorie zu suchen. In dieser Theorie sollten alle Naturgesetze und Grundgrößen zusammenhängen. Es bestehen jedenfalls Beziehungen zwischen den vier Grundkräften und den Konstanten der Natur. Die elektromagnetische, die schwache und die starke Kraft konnten bereits als Ausdruck einer einzigen Kraft erklärt werden. Es fehlt noch die Gravitatition, aber die Physiker hoffen, eines fernen Tages alle vier Grundkräfte in einer Theorie auf eine einzige Kraft zurückführen zu können *(Abb. 44)*. Die isolierte Änderung einer Kraft oder einer Grundgröße muß dann aber zu Widersprüchen führen. Hierbei ist es unwesentlich, ob jene Kräfte und Konstanten, die wir heute als fundamental ansehen, tatsächlich schon fundamental sind oder sich aus anderen, vorerst noch hypothetischen Größen zusammensetzen oder herleiten lassen.

Ein einfacher Vergleich! Fließt ein Strom durch eine Spule, bauen sich ein elektrisches und ein magnetisches Feld auf. Diese beiden Felder stehen miteinander in einem direkten gesetzmäßigen Zusammenhang. Die Ursache ist der elektrische Strom, der durch die Spule fließt. Ich kann nicht eines der beiden Felder gedanklich verändern, ohne daß sich auch das andere Feld ändert. Das heißt also, die Methode, einzelne physikalische Größen zu verändern, die anderen aber in ihrer Größe zu belassen und sich dann anzusehen, wie solche Welt aussieht, ist recht fragwürdig, und fragwürdig ist dann auch der Schluß, daß wir offensichtlich im besten aller Universen, ja, im einzig möglichen existieren.

Obwohl auch die Ergebnisse der Untersuchungen von Collins und Hawking zur Gleichmäßigkeit (Isotropie) dieses Weltalls als Stütze für das Anthropische Prinzip herangezogen wurden, haben diese unabhängig davon größte Bedeutung. Liegt die Dichte des Weltalls tatsächlich nahe der kritischen Dichte, wäre die Frage nach der großräumigen Struktur und der Zukunft des Universums entschieden. Es ist der Grenzfall des euklidischen Raumes zwischen sphärischem und hyperbolischem Raum, ein Weltall, das in die Unendlichkeit hinein expandiert. Wir brauchten also nur noch nach der fehlenden Masse so lange zu suchen, bis die kritische Dichte erreicht ist. Aber davon ist noch niemand überzeugt. Zu viele Hypothesen stürmen auf die Kosmologen ein. Das »inflationäre Universum« ist eine solche Hypothese. Sie kann vielleicht einige der aufgetauchten Fragen beantworten. Denn bei aller Skepsis müssen wir uns mit den erkannten Problemen auseinandersetzen.

Das inflationäre Universum

Durch Collins und Hawking waren die Anfangsbedingungen der Welt in den Mittelpunkt des Interesses der Physiker gerückt worden. Mit dem Ergebnis der theoretischen Untersuchungen zur Gleichförmigkeit, zur Isotropie des Universums waren Probleme aufgetaucht, deren Ursachen im Frühstadium des Kosmos liegen, zu einer Zeit, da die Welt noch keine Sekunde alt war. Mehr noch, bereits winzige Bruchteile einer Sekunde nach der Geburt des Kosmos wurden die Bedingungen für die ganze weitere Entwicklung festgelegt. Davon sind die Kosmologen überzeugt. Daher muß auch zu dieser frühen Zeit angesetzt werden, wenn es um die Lösung der Probleme geht.

Wir wissen, daß der Kosmos erstaunlich gleichförmig ist. Bei genauerem Hinsehen ist diese Gleichförmigkeit aber ganz unbegreiflich. Wir könnten einen solchen Zustand dann verstehen, wenn zur frühen Zeit des Kosmos ein Ausgleich hätte stattfinden können. Aber gerade das konnte im Rahmen des Standardmodells nicht geschehen. Es gibt nämlich im Kosmos große entfernte Bereiche, die zu keinem Zeitpunkt der Vergangenheit in irgendeiner wechselseitigen Beziehung standen. Nach der Speziellen Relativitätstheorie können Wirkungen höchstens mit Lichtgeschwindigkeit übertragen werden. Das Universum expandierte in seiner Frühzeit aber so rasend schnell, daß die Zeit bei weitem nicht ausreichte, um ein Signal von einem Punkt des Kosmos zu einem anderen (relativ) weit entfernten Punkt laufen zu lassen. Schon eine Sekunde nach dem Punkt Null hatte das Universum eine Ausdehnung von mehreren Lichtjahren. Wir dürfen hier nicht in den Fehler verfallen, die Lichtgeschwindigkeit auch als Grenze für die Expansionsgeschwindigkeit des Universums anzunehmen. Diese Bedingung gilt für das Licht und allgemein für die Übertragung von Wirkungen. Der Kosmos konnte sich viel schneller ausdehnen. So kommen wir nach einer Sekunde auf mehrere Lichtjahre Ausdehnung, während irgendwelche Signale in diesem expandierenden Raum nur eine Entfernung von höchstens 300 000 km zurückgelegt haben können. Der ständig größer werdende Raum läuft also dem Licht und anderen Signalen weit davon. Die Grenze, bis zu der ein Lichtstrahl innerhalb einer bestimmten Zeit gelangen kann, nennen wir den Horizont. Gehen wir davon aus, daß das Licht in zwei entgegengesetzte Richtungen laufen kann, beträgt der Horizontabstand

$$2 \times \text{Lichtgeschwindigkeit} \times \text{Zeit}.$$

Dieser Horizontabstand ist im frühen Universum stets viel kleiner als der Friedmann-Kosmos. Das ist das Horizontproblem *(Abb. 52)*.

Zwischen weit entfernten Bereichen des Universums können jedenfalls keine ausgleichenden Wirkungen stattgefunden haben. Wie ist es unter solchen Bedingungen aber möglich, daß in Bereichen, die zu keiner Zeit in Beziehung standen, die gleiche Temperatur herrscht, wie es uns die Hintergrundstrahlung beweist? Er herrscht aber auch in allen Bereichen die gleiche Expansionsgeschwindigkeit, auf der einen Seite des Weltalls genauso wie auf der anderen. Müßte diese Geschwin-

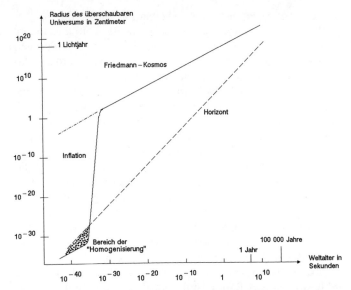

Abb. 52: Das Modell des inflationären Universums. Für eine ganz kurze Zeit übertrifft der Horizont die Größe des Universums

digkeit nicht in verschiedenen Bereichen, die gar nichts voneinander wissen können, ganz unterschiedlich sein? Wieso expandiert der Kosmos überall völlig gleichmäßig?

Da ausgleichende Vorgänge innerhalb des frühen Kosmos auf der Grundlage des Standardmodells nicht vorhanden gewesen sein können, müßten wir den heutigen erstaunlichen Zustand als das Ergebnis ganz spezieller Anfangsbedingungen ansehen. Solche Haltung führte zum Anthropischen Prinzip. Den meisten Physikern ist das aber keine Erklärung. Entweder müßten sie dann den Schöpfer bemühen, der das mit weiser und mächtiger Hand so eingerichtet hat, oder sie finden sich in stoischer Ruhe damit ab, die Grenze der Erkenntnis erreicht zu haben. Sie suchen aber doch besser nach einer Erklärung für das zunächst Unerklärbare.

Aber da sind noch mehr der Schwierigkeiten. Setzen wir von Anfang an eine gleichmäßige Verteilung der Materie voraus, darf sie auch wieder nicht zu gleichmäßig gewesen sein, vielmehr muß sie im kleinen gewisse Ungleichmäßigkeiten aufgewiesen haben, denn es entstanden ja aus solchen Ungleichmäßigkeiten in der Materieverteilung die Sterne, Galaxien und Galaxienhaufen. Es war gewissermaßen eine Ungleichmäßigkeit im kleinen, was aber, wie alles im Kosmos, relativ zu sehen ist, da es sich im Endergebnis um Materiewolken von Millionen Lichtjahren Ausdehnung handelt, aus denen sich die Galaxien zusammenballten. Die Anfangsbedingungen werden so noch spezieller. Gleichmäßigkeit im großen, aber Ungleichmäßigkeit im kleinen. Wie konnte sich ein solcher, ganz spezifischer Zustand einstellen? Die Entstehung der Galaxien und Galaxienhaufen liegt tatsächlich noch weitgehend im Dunkeln.

Wir wissen, daß Friedmann zwei Klassen von Lösungen für den Kosmos erhalten hatte, denen Lemaître noch den Grenzfall zwischen diesen beiden Klassen hinzufügte. Jede dieser Lösungen legt einen Kosmos mit verschiedenen großräumigen und langzeitlichen Eigenschaften fest. Welcher der theoretischen Kosmen der reale ist, hängt von der Expansionsgeschwindigkeit und der mittleren Materiedichte ab. Wir beziehen die Dichte des Weltalls auf die kritische Dichte, bei der jener Kosmos verwirklicht sein soll, der die Krümmung Null hat. Das ist der offene euklidische Raum. Dieser kritischen Dichte entsprechen etwa sieben Protonenmassen in einem Raumvolumen von einem Kubikmeter. Wäre das euklidische Weltall verwirklicht, ist das Massenverhältnis

$$\text{reale Dichte/kritische Dichte} = 1.$$

Die tatsächliche Massendichte ist nur ganz grob bekannt. Sie liegt irgendwo zwischen 0,1 und 2, und das läßt alle drei Möglichkeiten zu *(Tab. 4)*.

Sehen wir uns aber an, was das für den frühen Zustand gleich nach dem Punkt Null bedeutet. Wäre das Massenverhältnis exakt gleich 1 gewesen, wäre dieser Wert während der Expansion des Kosmos beibehalten worden, und wir würden im offenen euklidischen Kosmos existieren. Abweichungen des Massenverhältnisses vom exakten Wert 1 wachsen mit der

Zeit aber stark an. Berechnungen erbringen ein ganz erstaunliches Ergebnis. Damit die Materiedichte heute im angegebenen Bereich von 0,1 bis 2 liegen kann, muß die Abweichung von dem kritischen Massenverhältnis eine Sekunde nach der Geburt des Kosmos so wenig von 1 verschieden gewesen sein, daß sich erst die 15. Stelle hinter dem Komma ändern dürfte:

$$1,000\,000\,000\,000\,005$$

Das ist das Flachheitsproblem. Der Name rührt daher, daß der Raum nicht gekrümmt, vielmehr »flach« sein soll.

Es scheint einfach unglaublich, daß sich dieser Wert so genau einstellen konnte. Weshalb liegt das Dichteverhältnis nicht bei 100 oder bei 0,01? Müssen wir dieses, dem euklidischen mindestens sehr nahe liegende Weltall als gegeben hinnehmen, oder läßt sich dieser Zustand erklären?

Neueste, noch nicht gesicherte Überlegungen sollen einen Ausweg aus diesen Schwierigkeiten zeigen. Die Hypothese ist unter dem Begriff »inflationäres Universum« bekannt. Nach den ersten 10^{-30} Sekunden stimmt dieses Modell mit dem Standardmodell der Einstein-Friedmann-Kosmen überein. Beide Modelle gehen insbesondere davon aus, daß das Universum vor 20 Milliarden Jahren aus einem Zustand höchster Dichte und Temperatur heraus entstand. In den ersten Sekundenbruchteilen aber, zu einer Zeit zwischen 10^{-36} und 10^{-33} Sekunden, fordert die neue Hypothese ganz entscheidende Veränderungen *(Abb. 52)*. Als Folge der Abspaltung der starken von der elektroschwachen Kraft sollte sich das Universum zu diesem Zeitpunkt sehr stark aufgebläht haben. In sehr kurzer Zeit wuchs das Universum exponentiell, also fast schlagartig auf die 10^{30}fache Größe an. Danach mündete dieser Kosmos in die Entwicklung des Friedmann-Kosmos ein.

Während der »inflationären« Phase, so glauben die Schöpfer der Hypothese Alan Guth, Paul Steinhard und A. D. Linde, müßte sich »ganz natürlich« eine Dichte einstellen, die fast genau der kritischen Dichte entspricht, also jener Dichte, die zum offenen, euklidischen Raum führt. Nun können auch anfängliche Inhomogenitäten ausgebügelt werden. Das »Horizontproblem« löst sich, da ja der Durchmesser des Universums zunächst um das 10^{30}fache kleiner war als nach dem Standardmodell. In diesem sehr viel kleineren Universum aber konnten sich die Signale im ganzen Raum ausbreiten, so daß eine Wechselbeziehung und somit ein Ausgleich der Dichteunterschiede, eine »Homogenisierung« erfolgen konnte. Die großräumige Gleichmäßigkeit blieb in der Folgezeit erhalten. Kleinere Inhomogenitäten als Quellen künftiger Galaxien würden sich wie beim Standardmodell durch zufällige Schwankungen im Quantenbereich, also in kleinsten Dimensionen, einstellen.

Das inflationäre Universum enthält noch manches ungelöste Problem; es ist vorerst eine Hypothese. Wir erkennen aber, daß es noch zu früh ist, bestimmte Größen, welche die Evolution des Universums in einer für das Leben günstigen Weise beeinflussen, anthropisch zu deuten. Sollte sich das inflationäre Universum in der Zukunft, wenn auch modifiziert und präzisiert, als richtig erweisen, wären das Horizontproblem und das Flachheitsproblem gelöst.

Das Anthropische Prinzip ist wohl weniger eine fundamentale Erkenntnis als ein Hinweis darauf, daß wir noch tiefer in die universellen Zusammenhänge der Natur eindringen müssen. Die Physiker setzen daher weiter auf die Einheitliche Feldtheorie, die auch eine Erklärung dafür liefern könnte, warum dieses Universum so und nicht anders ist, weshalb also die physikalischen Grundkonstanten gerade die gemessenen Größen haben. Vielleicht werden wir erkennen, daß das Universum nur so und gar nicht anders sein kann. Aber auch dann werden wir nicht zufrieden sein. Immer werden sich neue Fragen stellen, als nächstliegende, warum diese Einheitliche Feldtheorie so und nicht anders, für das Leben ungünstiger ist.

Philosophen und philosophierende Physiker werden aber auch fragen, ob der metaphysische Materialismus oder der metaphysische Idealismus die Welt beherrscht. Drücken wir es klarer aus. Die Materie mag seinsgegeben sein. Ist nun die Struktur der Materie primär, also ebenfalls seinsgegeben, und erkennen wir die Gesetzlichkeit dieser Struktur? Was der Auffassung der klassischen Physik gleichkommt. Oder ist das Gesetz das primäre, welches die Materie strukturiert? Wie es sich Platon und Heisenberg vorstellten.

KAPITEL 9
DAS LEBEN

Planetensysteme

Die Frage nach außerirdischem Leben ist naturwissenschaftlicher Art. Astrophysik, Biologie, Biochemie und Paläontologie haben ihren Beitrag zu leisten. Fragen wir gar nach außerirdischen Zivilisationen und deren Dauer, müssen wir weitere, auch nichtnaturwissenschaftliche Disziplinen einbeziehen, die Anthropologie und die Soziologie etwa. Leider sind die Möglichkeiten aller dieser Wissenschaften, einen echten Beitrag zur Beantwortung unserer Frage zu leisten, zur Zeit noch sehr gering, und wir wagen keine Aussage, ob sich das während eines überschaubaren Zeitraumes ändern wird. Was das anbelangt, so sieht es gar nicht so günstig aus. Aber die Menschen nehmen an dem faszinierenden Themenkreis starken Anteil; er ist von hohem Interesse für ihr Selbstverständnis, für ihre Rolle auf dieser Erde und ihre Stellung in diesem so unfaßbar großen Universum. Eine jahrtausendealte Literatur beweist die Zeitlosigkeit dieses Interesses.

Denn der Gedanke, andere Himmelskörper könnten oder sollten bewohnt sein, ist uralt. Er tauchte schon zu einer Zeit auf, da die Struktur dieser Welt und selbst die Natur der nächsten Himmelskörper noch völlig unbekannt war. Der Spötter Lukian benutzte diesen Gedanken in seinen Satiren; der Atomist Demokrit verkündete die Existenz unzähliger Welten. Johannes Kepler, Immanuel Kant, Otto von Guericke, Gottfried Wilhelm Leibniz und Bernard le Bovier de Fontenelle sind nur wenige bedeutende Namen aus der Wissenschaftsgeschichte*, die mit solchen Gedanken spielten.

Aber wir wissen fast nichts, und der anspruchsvolle Begriff »Exobiologie«, der für jene Wissenschaft geprägt wurde, die

---

* In seinem Buch »Raum, Zeit, Materie, Unendlichkeit«, S. Hirzel Verlag 1968, hat der Verfasser dieses Thema behandelt.

sich mit außerirdischem Leben beschäftigt oder beschäftigen soll, ist eigentlich recht inhaltsleer. Die Meinungen der Wissenschaftler gehen weit auseinander; Scharlatane haben sich des Themas angenommen, mit beträchtlichem Erfolg für sich selbst und nicht zum Gewinn des Lesers. Zeiten und Entfernungen setzen dem wißbegierigen Menschen schier unüberwindliche Grenzen. Eigentlich extrapolieren wir gegenwärtig lediglich unser gediegenes Wissen vom Leben auf dieser Erde auf denkbare Planeten um andere Sonnen.

Denn weiteres Leben innerhalb unseres Sonnensystems können wir wohl ausschließen, nachdem sich Venus und Mars als unbelebt erwiesen haben. Bleiben also die Planeten anderer Sonnen, aber der uns zunächst stehende Stern ist immerhin schon vier Lichtjahre entfernt. Eine Fahrt zu den nächsten Sternen ist für noch lange Zeit unvorstellbar.

Über die Hälfte aller Sterne ist in Doppel- und Mehrfach-Systemen vereinigt. Zunächst glaubten die Astronomen, Planeten könnten nur bei Einzelsternen auf stabilen Bahnen umlaufen. Neuere Berechnungen zeigen aber, daß auch bei Doppelsystemen Planetenbahnen durchaus stabil sein können, wenn die Planeten entweder einen der Sterne auf einer engen oder beide Sterne auf einer weiten Bahn umkreisen. Allerdings bieten Planeten in zu großer Entfernung von den Zentralgestirnen dem Leben keine günstigen Lebensverhältnisse.

Der Nachweis solcher winzigen Himmelskörper wie Planeten in der Entfernung der nächsten Sterne ist außerordentlich schwierig. Vom Prinzip her erfolgt dieser Nachweis durch die Beobachtung von Unregelmäßigkeiten in der Eigenbewegung der Sterne. Ohne Begleiter wäre die Bewegung eines Stern gleichmäßig gerade oder krumm. Wird er aber von einem anderen Körper umkreist, erfolgt die Bewegung der beiden Massen tatsächlich um ihren gemeinsamen Schwerpunkt, der nun nicht mehr mit dem Mittelpunkt des Sterns zusammenfällt. Ist der Begleiter entsprechend groß und vom Stern weit entfernt, kann der Schwerpunkt des Systems sogar außerhalb des Sterns liegen. Der Schwerpunkt des Systems bewegt sich gleichmäßig, die beiden Himmelskörper aber schlängeln sich entlang der Bahn des Schwerpunktes. Wir beobachten jedoch nur die Bewegung des helleuchtenden Sterns. Die mathematische Analyse der Bahn muß dann alle interessierenden Parameter des unsichtbaren Begleiters liefern: Masse, Abstand vom Zentralgestirn, Bahnform. Kleinplaneten wie Erde, Venus oder Mars haben allerdings bislang keine Chance, auf diese Weise entdeckt zu werden. Sie bleiben in den Rundungsfehlern stecken. Aber das kann sich ja künftig ändern.

Nach dem Dreifachsternsystem Alpha Centauri in einer Entfernung von vier Lichtjahren ist Barnards Pfeilstern mit sechs Lichtjahren der zweitnächste Stern. Es ist daher nicht verwunderlich, daß er zu den ersten Objekten zählte, bei denen nach Planeten Ausschau gehalten wurde. Im Jahre 1963 wertete Peter van de Kamp am Sproul-Observatorium, Swathmore/USA, die 8000 Platten aus, die zwischen 1916 und 1962 von jener Himmelsgegend angefertigt wurden. Er kam zu dem Ergebnis, daß Barnards Stern einen dunklen Begleiter haben müsse. Die genauere quantitative Analyse führte zu dem Ergebnis, daß die Bahnstörungen von zwei Begleitern verursacht werden. Die eine Komponente mit 0,8 Jupitermassen sollte den Stern in zwölf, die andere mit 1,1 Jupitermassen in 26 Jahren umkreisen. Allerdings bietet Barnards Pfeilstern für die Entwicklung von Leben insofern keine günstigen Voraussetzungen, als er nur 0,04% der Energie der Sonne abstrahlt. Außerdem werden obige Ergebnisse schon wieder angezweifelt. Inzwischen wurden aber weitere Sterne unserer Umgebung vermessen, und die Existenz von Planetensystemen konnte zwar noch nicht erwiesen werden, sie ist aber doch wahrscheinlich geworden.

Aber es sprechen weitere Indizien dafür, daß Planetensysteme eine ganz gewöhnliche Erscheinung im Weltall sein könnten. Junge oder noch in der Entstehung begriffene Sterne sind für die Astronomen von großem Interesse, denn hier bietet sich ihnen die Möglichkeit, den Prozeß der Sternentstehung besser verstehen zu können. Solche Sterne im Frühstadium wurden gefunden, und da zeigte sich, daß sie von einer Staubscheibe umgeben sind. Diese Staubscheiben aber könnten einem Zustand entsprechen, welcher der Bildung von Planeten vorausgeht.

Heute wird die Existenz von Planetensystemen überall im Weltall von den meisten Astronomen als zumindest wahrscheinlich angesehen.

Leben auf den Planeten

Kaum einer der Biologen zweifelt heute noch daran, daß das Leben auf der Erde aus unbelebter Materie entstanden ist. Wir müssen auch davon ausgehen, daß Leben nur auf der Grundlage des Kohlenstoffs existieren kann. Wir kennen nur die irdischen Lebensformen, und diese hängen vollständig von Kohlenstoffverbindungen ab. Die Annahme scheint auch vernünftig zu sein, denn kein anderes Element kann eine solche Fülle verschiedener Verbindungen eingehen, und das komplexe Leben ist wohl auf solche Fülle verschiedener chemischer Verbindungen angewiesen.

Die Wissenschaft nimmt an, daß die Uratmosphäre vor allem aus Wasserstoff, Methan (CH_4), Ammoniak (NH_3) und Wasserdampf bestand. Sauerstoff war noch nicht vorhanden, und das war gut so, denn die Kohlenstoffverbindungen, die sich bilden mußten, wären dann wieder oxidiert und zerstört worden, Der freie Sauerstoff entstand erst viel später durch Photosynthese der dann bereits existierenden Pflanzen. In dieser Uratmoshäre aber bildeten sich zahlreiche organische Verbindungen, also Verbindungen des Kohlenstoffs mit anderen Elementen. In einem berühmt gewordenen Experiment konnte das bewiesen werden. Im Jahre 1951 mischte der junge Stanley Miller an der Universität Chicago die Uratmosphäre zusammen. Er dachte noch an Gewitter zu dieser Zeit und setzte sein Gemisch elektrischen Entladungen aus. Nach Tagen konnte er verschiedene Kohlenstoffverbindungen nachweisen, darunter Aminosäuren, die Bausteine der Eiweißstoffe. Die Versuche wurden nach diesem Anfangserfolg fortgesetzt. Es gelang sogar, die Aminosäuren zu langen Ketten zu vereinigen wie bei den echten Eiweißstoffen. Nukleinsäuren konnten ebenfalls erzeugt werden; sie sind in den Lebensformen als Träger der Erbinformation von überragender Bedeutung. Diese Moleküle konnten dann ebenfalls verkettet werden. Der wesentliche Sprung zu vermehrungsfähigen lebenden oder lebensähnlichen Systemen gelang aber durchaus erwartungsgemäß nicht.

Organische (= Kohlenstoff-) Verbindungen sind selbst zwischen den Sternen nichts Außergewöhnliches. Sie entstehen also sogar unter den harten Bedingungen des Weltraums. Über fünfzig Molekülarten konnten in den interstellaren Wolken durch die Radioastronomen nachgewiesen werden; die meisten sind kohlenstoffhaltig. Darunter befanden sich recht komplexe Moleküle, wie Ameisensäure (HCOOH), Formaldehyd (H_2CO), Methylalkohol (CH_3OH), Acetaldehyd ($HCOCH_3$) und sogar Äthylalkohol (C_2H_5OH).

Aber Verbindungen dieser Art wurden auch in Meteoriten aufgespürt. In einem Meteoriten, der im Jahre 1969 bei Murchison in Australien niederging, wurden sechzehn Aminosäuren gefunden. Aminosäuren aber – wir erinnern noch einmal daran – sind die Bausteine der Eiweißstoffe. Nur fünf von den Aminosäuren in den Meteoriten kommen auch in den irdischen Lebensformen vor.

Kohlenstoffverbindungen sind also gar nichts Ungewöhnliches im Weltall. Nun sind Kohlenstoffverbindungen noch kein Leben, aber die Wissenschaftler halten es für wahrscheinlich, daß aus solchen Verbindungen komplexe, vermehrungsfähige Moleküle entstehen konnten, die sich dann über Ein- und Mehrzeller letztlich zur Vielfalt heutigen Lebens hochentwickelten.

Ist also Leben zwangsläufige Folge für einen günstigen Planeten, und was ist günstig?

Das Zentralgestirn muß bestimmte Voraussetzungen erfüllen. Zu große Sterne sind sehr heiß, verbrauchen ihre Energie sehr schnell und werden nicht alt genug um dem Leben die nötige Zeit für chemische und biologische Evolution zu geben. Das Leben braucht seine Zeit, um sich zu entwickeln. Aufgrund von Untersuchungen an Sedimentgesteinen in Westaustralien konnte gezeigt werden, daß schon vor drei Milliarden Jahren Einzeller existierten. Das Leben benötigte also drei Milliarden Jahre, um sich vom Einzeller bis zur heutigen Artenvielfalt zu entwickeln. Wir müssen daher auch den

Planeten anderer Sterne eine Dauer von mehreren Milliarden Jahren für ihre evolutionäre Entwicklung zubilligen.

Sind andererseits die Sterne zu klein, ist die Temperatur zu niedrig. Die Masse des Sterns sollte also etwa der der Sonne entsprechen oder wenig kleiner sein. Die meisten Sterne bieten diese Voraussetzungen. Der Typ der massereichen Sterne ist verhältnismäßig selten. Bis in eine Entfernung von zehn Lichtjahren findet sich ein halbes Dutzend Sterne, die sonnenähnlich sind und somit die geforderten Voraussetzungen erfüllen.

Wasser muß vorhanden sein, und die Temperaturen müssen so günstig liegen, daß Wasser zumindest zeitweilig flüssig bleibt. Bei der Sonne enthält dieser Bereich die Venus, die Erde und den Mars, aber Venus und Mars liegen an der oberen und unteren Temperaturgrenze; sie sind unbelebt, wie wir wissen. Bleibt also unsere Erde, wo es jedenfalls am schönsten ist, gerade in der richtigen Entfernung von der Sonne. Wenn aber schon überall im Weltall Planeten um Sonnen kreisen, müßte eigentlich in der Regel wenigstens ein Planet ebenfalls gerade die richtige Entfernung vom Zentralgestirn haben.

Wahrscheinlich sollten wir noch weitere Forderungen stellen. Der Planet darf weder zu groß noch zu klein sein. Ist er zu groß, erdrückt die Schwerkraft das Leben. Ist er zu klein, vermag er keine Atmosphäre zu halten. Die Eigenrotation darf auch nicht zu langsam sein, da es sonst tags zu heiß und nachts zu kalt wäre. Und bewegt er sich nicht nahezu kreisförmig um seine Sonne, wären die jahreszeitlichen Schwankungen der Temperatur zu groß. Die gleiche Folge würde sich einstellen, wäre die Bahnachse zu stark geneigt. Allerdings müssen wir hier auch das erstaunliche Anpassungsvermögen des Lebens berücksichtigen.

Wenn nun alle diese Bedingungen erfüllt sind, würde dann zwangsläufig auf solchem Planeten Leben entstehen?

Ein ernsthaftes Argument spricht eher dagegen. Alle Proteine in den irdischen Lebewesen sind aus linksorientierten, sogenannten L-Aminosäuren aufgebaut, obwohl die rechtsorientierten D-Aminosäuren chemisch völlig gleich reagieren und als Grundlage des Lebens genausogut geeignet sind. Stellen wir Aminosäuren im Labor her, bestehen sie sowohl aus rechts- wie aus linksorientierten Molekülen. Die in den Meteoriten gefundenen Aminosäuren bestehen ebenfalls aus beiden Arten. Diese Tatsache allein linksorientierter Aminosäuren als Bausteine irdischer Eiweißstoffe weist aber recht eindeutig darauf hin, daß das Leben einen einzigen Ursprung hatte. Irgendwann entstand ein einziges biochemisch lebens- und entwicklungsfähiges Molekül. Wäre das Leben an mehreren Stellen entstanden, und hätte sich jeder Ursprung höherentwickelt, müßte es etwa gleichviel rechts- und linksorientierte Aminosäuren als Bausteine der Eiweißstoffe geben. Wir wollen auch nicht glauben, daß alle konkurrierenden Entwicklungen später als weniger lebenstüchtig wieder ausgemerzt wurden und daß nur der Bessere überlebte, da gerade am Anfang der Lebensentwicklung genügend ökologische Nischen vorhanden waren, um auch den anderen ursprünglichen Lebensformen die Höherentwicklung zu gestatten.

Eine einmalige Entstehung des Lebens auf der Erde läßt aber an einer zwangsläufigen Entstehung Zweifel aufkommen. Aber es sind eben nur Zweifel, es ist kein Wissen, da wir davon ausgehen sollten, daß uns noch wesentliche Faktoren, welche die Entstehung des Lebens ermöglichen, unbekannt sind.

Selbstverständlich besteht der Wunsch, Leben im Weltall, so es vorhanden ist, kennenzulernen. Der Besuch anderer Sonnensysteme durch den Erdenmenschen steht zumindest in einer sehr fernen Zukunft. Mit dem Besuch von kleinen grünen Männchen aus der Tiefe des Weltalls ist auch nicht zu rechnen. Also denken wir an den Funkkontakt, und damit wird unsere Forderung enger. Jetzt geht es nicht mehr allgemein um Leben. Wollen wir mit Lebewesen anderer Sonnensysteme in Verbindung treten, müssen sie intelligent sein, und sie müssen technische Fähigkeiten entwickelt haben. Das aber läßt uns fragen, wie groß die Wahrscheinlichkeit ist, Gesprächspartner im Kosmos zu finden.

Intelligenzen im Kosmos

Im Jahre 1961 wurde von dem Amerikaner Frank Drake eine Formel aufgestellt, die eine gewisse Berühmtheit erlangte, eine

Formel, die Aussagen machen soll über die Anzahl technischer Zivilisationen in unserer Galaxis. Sie lautet ganz einfach

$$N = R \cdot f_p \cdot n_e \cdot f_l \cdot f_i \cdot f_t \cdot L$$

Hierin bedeuten:
N – Die Zahl der technischen Zivilisationen in der Galaxis;
R – die jährliche Entstehungsrate von Sternen in der Galaxis;
f_p – Anteil jener Sterne, die Planeten besitzen;
n_e – Anzahl der Planeten, die günstige Voraussetzungen für die Entstehung des Lebens bieten;
f_l – Anteil der Planeten, auf denen tatsächlich Leben entstand;
f_i – Anteil der Planeten, die Intelligenzen hervorbrachten;
f_t – Anteil der Planeten, deren Intelligenzen eine technische Zivilisation hervorbrachten;
L – mittlere Lebensdauer einer solchen Zivilisation.

Nun brauchen wir nur noch diese Koeffizienten anzugeben oder zu ermitteln, und schon wissen wir, wie viele Planeten in der Galaxis von menschlichen Brüdern und Schwestern besetzt sind. Sehen wir uns das einmal an.

Die Sternentstehungsrate R kann verhältnismäßig genau angegeben werden. Die 100 oder 200 Milliarden Sterne in der Galaxis müssen während der Lebensdauer unseres Sternsystems von rund zehn Milliarden Jahren entstanden sein, so daß wir auf einen Mittelwert von etwa zehn Sternen im Jahr kommen. Mehr als die Größenordnung kann ohnehin nicht angegeben werden.

Was den Anteil f_p jener Sterne anbetrifft, die Planeten aufweisen, könnten wir nach vorherrschender Meinung der Astronomen optimistisch sein und annehmen, daß etwa die Hälfte aller Sterne Planeten besitzt, also $f_p = 0{,}5$. Gehen wir weiter davon aus, daß in unserem Sonnensystem zwar Venus, Erde und Mars einen günstigen Abstand zur Sonne haben, daß aber Venus und Mars gerade so an der Grenze stehen, und daß ja auch nur die Erde Leben trägt, könnten wir großzügig sein und jeweils einen günstigen Planeten annehmen, so daß $n_e = 1$ wäre.

Nun verlassen wir aber die Astrophysik, und da wird es

gleich viel schwieriger. Es gehört zumindest Mut dazu, für den Faktor f_l einen Zahlenwert anzugeben. Die Zahl könnte nach heutigem Unwissen ebensogut 10^{-6} (nur auf jedem Millionsten günstigen Planeten entstand Leben) sein wie 1 (auf jedem hierfür geeigneten Planeten entstand Leben).

Für den Faktor f_i können wir wieder eher negative als positive Aussagen machen. In Australien hat sich ebensowenig Intelligenz entwickelt wie in Amerika. Die Menschen, die dort lebten, ehe der Weiße eindrang, hatten diese Kontinente besiedelt; sie waren nicht im Zuge der Evolution als Art entstanden. Allerdings müssen wir hier davon ausgehen, daß eine mögliche Evolution zur Intelligenz eben durch diese Einwanderung gestört wurde. Im Laufe vieler, vieler Millionen Jahre hätte Intelligenz vielleicht doch entstehen können, vielleicht auch aus Beuteltieren. Dennoch, die Frage nach der Zwangsläufigkeit einer evolutionären Entwicklung zur Intelligenz bleibt unbeantwortet. Welche Zahl sollte hier wohl verantwortungsbewußt eingesetzt werden?

Eine technische Zivilisation möchten wir als zwangsläufige Folge annehmen können, trotz der Tatsache, daß beispielsweise die Hochkulturen Mittel- und Südamerikas eine solche technische Zivilisation nicht hervorgebracht haben. Wir wissen aber nicht, ob diese in 10 000 Jahren nicht doch noch entstanden wäre. Legen wir einen noch größeren Zeitraum zugrunde, können wir von der Entstehung neuer Rassen ausgehen, unter denen ja eine sein könnte, die zur technischen Zivilisation aufsteigt. Wer möchte es also wagen, einen Zahlenwert für den Faktor f_t anzugeben? Was die mittlere Lebensdauer L einer technischen Zivilisation anbetrifft, haben wir nicht einmal die eigene Erfahrung, denn wir wissen einfach nicht, wie lange unsere technische Zivilisation andauern wird. Sie existiert noch nicht lange – je nachdem was wir darunter verstehen wollen, 100 oder 200 Jahre. Für die Zukunft möchte man eher schwarz sehen. Wir müssen gar nicht den selbstverschuldeten Wahnsinn eines Atomkrieges zitieren angesichts ungezügelter Vermehrung der Art und hemmungsloser Ausplünderung und Verschmutzung des Planeten. Es bestehen bestimmt keine Aussichten, daß die Erde künftig 7 bis 10 Milliarden Menschen einen Lebensstandard wird bieten können, wie wir Europäer ihn erreicht haben. Wir können aber auch nicht erwarten, daß sich die zunehmende Zahl der Armen und Ärmsten auf Dauer mit diesem Mißverhältnis zufriedengeben wird. Weltweite Konflikte sind also vorprogrammiert.

Man möchte daher unserer technischen Zivilisation eine düstere Zukunft prophezeien. Zumindest können wir nicht ausschließen, daß die Intelligenz des Menschen, gepaart mit seiner evolutionär herausgebildeten Selbstsucht zu seiner eigenen Vernichtung führen wird. Und wenn Menschen ein solches Inferno überleben sollten, wäre doch die technische Zivilisation dahin. Dann begänne alles von neuem.

Selbst wenn wir aber davon ausgehen, daß im Universum Planeten etwas ganz Normales sind, daß Leben entsteht und sich höherentwickelt, ist die Wahrscheinlichkeit, daß sie intelligentes Leben tragen, dennoch recht gering. Was sind schon 100 000 oder auch eine Million Jahre bei einer evolutionären Entwicklung seit der Entstehung des Lebens vor jedenfalls mehr als drei Milliarden Jahren? Die Wahrscheinlichkeit, daß eine Intelligenz schon den Stand der technischen Intelligenz erreicht hat, ist dann natürlich noch geringer. Aber es könnte auch anders sein, dann nämlich, wenn sich technische Zivilisationen doch über einen langen Zeitraum – über viele Millionen Jahre hinweg – halten könnten. Dennoch müssen wir auch in diesem günstigen Fall davon ausgehen, daß im statistischen Mittel nur ein Stern unter Tausend sein wird, der eine technische Intelligenz trägt, denn der Zeitraum vom ersten lebens- und vermehrungsfähigen Molekül bis zur technischen Intelligenz dauert nun mal nach unserem Wissen einige Milliarden Jahre. Die funktechnische Suche nach unseren Brüdern im All könnte sehr langwierig werden.

Die Grenzen sind jedenfalls weit gezogen. Was aber bietet uns unter solchen Voraussetzungen die Drake-Formel? Eigentlich gar nichts. Sie ist die bloße Anhäufung von Größen, die weitgehend oder vollständig unbekannt sind. Es verwundert daher nicht, daß unter jenen Autoren, die diese Formel ernst nehmen, riesige Unterschiede für die Zahl der technischen Zivilisationen in der Galaxis herauskommen. Wir lesen ebenso von 100000 wie von 50 Millionen technischen Zivilisationen. Nein, diese Formel, obwohl immer wieder zitiert – und das ist der Grund, weshalb hier darauf eingegangen wurde –, sagt überhaupt nichts aus, weil sie nichts aussagen kann. Wir wissen einfach nichts.

Dennoch – und das ist nur eine Meinung – sollte es andere Intelligenzen im Kosmos geben, ohne eine Aussage über deren Häufigkeit machen zu wollen. Die Erde steht nicht im Zentrum der Welt; das mußten wir erfahren. Wir sollten nicht glauben, das irdische Leben und die irdische Intelligenz seien das Einmalige und Einzigartige. Dieses Universum mußte nicht unzählige Milliarden Sternsysteme hervorbringen, um dem Zufall größere Chancen zu bieten, damit wir doch irgendwo entstehen konnten.

Denken wir daran, mit anderen Intelligenzen in Funkkontakt zu treten, sollten wir eigentlich jede Hoffnung fahren lassen, denn erst seit wenigen Jahrzehnten sind wir in der Lage, Radiowellen aus dem All zu empfangen und in das All zu entsenden. Legen wir die sehr optimistische Zahl von 50 Millionen technischen Intelligenzen in der Galaxis zugrunde. müßte ein Stern unter 2000 eine solche Zivilisation tragen. Der mittlere Abstand zwischen ihnen betrüge 60 Lichtjahre. Ein Dialog würde also sehr lange dauern. Dennoch wurden ab 1960 zahlreiche Versuche unternommen, mit Radioteleskopen den Himmel abzutasten. Etwa 1000 Sterne und sogar einige nahe Galaxien wurden abgehört, bisher leider vergeblich, was allerdings nicht gegen technische Zivilisationen im All spricht; wir müssen uns nur deren wahrscheinlich geringe Dichte vor Augen führen. Wir können auch nicht erwarten, daß die fernen Bewohner ständig Radiowellen ins All schicken, um anderen Leuten ihre Anwesenheit kundzutun. Wir Erdenmenschen machen das ja auch nicht. Bisher wurde wohl erst einmal 1974 eine drei Minuten dauernde Sendung mittels des großen Radioteleskops in Arecibo auf Puerto Rico ausgestrahlt. Die Nachricht war auf einen Kugelsternhaufen im Sternbild Herkules gerichtet worden, um möglichst viele Sonnen und deren Planeten zu erreichen. In 24000 Jahren werden die Wellen an ihr sehr ausgedehntes Ziel kommen, vorausgesetzt ein großes

Radioteleskop horcht gerade zur richtigen Zeit während dreier Minuten in die richtige Richtung. Die Wahrscheinlichkeit hierfür liegt nur sehr wenig über Null.

Es gibt auch noch andere Bemühungen, unsere Existenz zu melden. Im März 1972 und im Juni 1973 wurden die Planetensonden *Pioneer 10* und *Pioneer 11* von Cape Canaveral aus zum Jupiter geschickt. Nach Passieren des Zielplaneten wurde *Pioneer 10* nach dem Uranus und *Pioneer 11* zum Saturn gelenkt. Sie verließen danach im Jahre 1987 das Sonnensystem. Es wird aber 100 000 Jahre dauern, ehe sie eine Entfernung zurückgelegt haben, die der des nächsten Fixsterns entspricht. Sie steuern aber nicht einen bestimmten Stern an, sondern fliegen einfach in den Weltraum hinaus. Beiden Sonden wurde eine vergoldete Aluminiumplatte mitgegeben, in die eine Botschaft eingraviert ist *(Abb. 53)*. Sie enthält unten das Sonnensystem mit dem Startplatz Erde und der Bahn der Sonde. Das Strahlenbündel definiert die Lage des Sonnensystems innerhalb der Galaxis. Die Strahlen weisen auf vierzehn starke Pulsare hin. Das Gebilde oben links symbolisiert einen Quan-

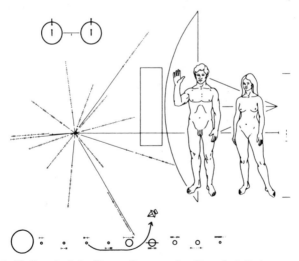

Abb. 53: Botschaft der Pioneer-Raumsonden für außerirdische Intelligenzen

tensprung des neutralen Wasserstoffs, wodurch die im Weltall häufige Strahlung des Wasserstoffs bei 21 cm Wellenlänge erzeugt wird. Hinter dem Menschenpaar befindet sich die Raumsonde als Größenvergleich. Der Mann erhebt die Hand zum Zeichen des Friedens, etwas heuchlerisch, wie dem Autor dünkt. Die Wahrscheinlichkeit, daß die Botschaft nach Hunderttausenden oder Millionen von Jahren eine Zivilisation erreicht, ist zwar sehr gering, aber die Mühe war ja auch nicht sehr groß. Die Sonden wären ohnehin irgendwohin ins All geflogen.

Beenden wir diesen Abschnitt mit einer ironischen Deutung der *Pioneer*-Botschaft, wie sie Heinrich Erben, Professor und Direktor des Instituts für Paläontologie der Universität Bonn in seinem Buch »Intelligenzen im Kosmos« für möglich hält:

»Offensichtlich wird der Planet Erde ausschließlich von zwei biologischen Spezies bevölkert. Beide laufen nackt herum, was auf ein allgemein heißes Klima schließen läßt. Dieses mag auch durch die in der linken Bildmitte schematisch angedeutete Sonnenstrahlung und die über dieser skizzierte Sonnenbrille dokumentiert sein. Die mikromorphe und breithüftige Spezies scheint im gemeinsamen Biotop eine dominante Stellung einzunehmen. Dafür spricht, daß die erhobene Rechte des dargestellten Exemplars der anderen, größerwüchsigen Spezies den Sklavengruß ausdrückt: ›Ich bin wehrlos und friedlich und zu manueller Fronarbeit verpflichtet.‹«

Die Meinung der anderen

Die letzten Abschnitte wurden mit vielen Wenns und Abers geschrieben. Der Autor wollte und konnte extraterrestrisches Leben nicht als wissenschaftlich erwiesen darstellen. Es können vorerst – und mindestens noch für lange Zeit – nur subjektive Meinungen wiedergegeben werden, und diese Meinungen werden, bewußt oder unbewußt, von der Weltanschauung eines Autors geprägt. Es wird daher nicht verwundern, daß in der einschlägigen Literatur entsprechende unterschiedliche Meinungen zu dem ganzen Komplex von Leben im Weltall zu finden sind.

Wenn es darum geht, die Existenz von Planeten zu akzeptieren, besteht weitgehend Einigkeit. So schwierig der Nachweis von Planeten bei anderen Sonnen auch ist, hier gibt es erste Hinweise, und sollte es in unserer galaktischen Umgebung von einigen Dutzend Lichtjahren Sterne mit Planeten geben, wird es sicher in absehbarer Zeit gelingen, diese einwandfrei nachzuweisen.

Hans Elsässer, Professor und Direktor des Max-Planck-Insituts für Astronomie in Heidelberg, sieht es in seinem Buch »Weltall im Wandel« daher so (S. 346):

»Zahllose Sterne unserer Galaxis sind in ihren physikalischen Eigenschaften sonnenähnlich, und auch an erdähnlichen Planeten dürfte es nicht fehlen. Heute ist es in der Tat keine gewagte Hypothese mehr, Sterne mit planetarischen Begleitern als ein gängiges und häufig vertretenes Phänomen zu betrachten.«

Die Professoren für Astronomie Albrecht Unsöld, Universität Kiel, und Bodo Baschek, Universität Heidelberg, stellen fest:

»Daß die Entstehung eines derartigen Systems [eines Planetensystems. *Der Verf.*] kein unglaublicher Zufall ist, zeigt die Entdeckung von Begleitern mit kaum mehr als Jupitermasse bei mehreren Sternen unserer nächsten Umgebung, z. B. Barnard's Stern. Auch die Statistik der Massenverhältnisse und der großen Bahnhalbachsen der Doppelsterne spricht für eine erhebliche Häufigkeit von Planetensystemen im Weltall.« (Der neue Kosmos, S. 384.)

Donald Goldsmith und Tobias Owen, zwei Professoren für Astronomie in den USA, schrieben ein Buch »Auf der Suche nach Leben im Weltall«, und darin lesen wir (S. 356):

»Leider ist es uns zur Zeit noch nicht gelungen, direkte Beweise von anderen Sonnensystemen zu erhalten. Dagegen liegt reichlich Material für die Annahme vor, daß mit der Bildung von Sternen auch oft die Bildung von Planeten verbunden ist.«

Die Meinungen sind repräsentativ; Planetensysteme werden überwiegend akzeptiert. Geht es aber um die Frage, ob solche Planeten auch Leben tragen, liegen die Ansichten weit auseinander. Die meisten Astronomen, die sich hierzu äußern, lassen keinen Zweifel daran, daß sie ihre persönliche Meinung wiedergeben.

Noch einmal Unsöld und Baschek (S. 401):

»In unserem Milchstraßensystem und anderen Galaxien gibt es zahllose Sterne, die sich von unserer Sonne nicht unterscheiden. Es spricht nichts gegen die Annahme, daß einige dieser Sterne auch Planetensysteme besitzen, und es erscheint durchaus plausibel, daß da und dort in einem solchen System ein Planet ähnliche Bedingungen an seiner Oberfläche bietet, wie die Erde. Warum sollten sich dort nicht auch Lebewesen entwickelt haben?«

Aber man kann es auch anders lesen. Der Franzose Jacques Monod arbeitete erfolgreich auf dem Gebiet der Molekularbiologie und befaßte sich auch besonders mit philosophischen Fragen der modernen Biologie. In seinem berühmt gewordenen Buch »Zufall und Notwendigkeit« vertritt der Nobelpreisträger kompromißlos die Auffassung, daß das Leben das Ergebnis eines geradezu unglaublichen und kaum wiederholbaren Zufalls ist.

Das ist eine These, die manchem mißfällt. Nicht zufällig, sondern notwendig möchten wir sein. Alle Religionen und die meisten Philosophien sehen den Menschen als absolute Notwendigkeit innerhalb dieser Welt. Aber Naturwissenschaftler kümmern sich auf ihrer Suche nach Erkenntnissen meistens nicht um Religion, Philosophie und die geheimen Gedanken der Menschen.

Wenn schon weiteres Leben so gänzlich unwahrscheinlich ist, brauchen wir nach Intelligenzen erst gar nicht zu suchen. In einer Schrift mit dem programmatischen Titel »Schöpfung ohne Schöpfer« weiß es Peter Atkins, Professor für physikalische Chemie an der Universität Newcastle, aber ganz genau (S. 111):

»Daß es in unserem Universum andere Intelligenzen gibt, ist heute so gut wie gewiß, da wir wissen, daß bei der Entstehung von Sternen meist Planeten mitentstehen. Die Nichtexistenz anderer Intelligenzen ist so unwahrscheinlich, daß es sinnlos ist, noch weitere Spekulationen darüber anzustellen.«

Wissenschaftler aus dem Bereich der Biologie sind da oft ganz anderer Meinung. Der bereits zitierte Heinrich Erben (»Intelligenzen im Kosmos«, S. 254) liegt im wesentlichen auf der Linie Monods:

»Ich halte es für wahrscheinlich, daß es im Universum an geeigneten Stellen zur Bildung von präbiotischen Systemen gekommen ist. Und ich halte es für nicht gänzlich ausgeschlossen (wenn auch sehr unwahrscheinlich), daß diese auf dem einen oder anderen Himmelskörper sogar zu Gebilden evolutionierten, die einer Biozelle analog oder wenigstens ähnlich sein mögen. Doch die Chancen dafür, daß an irgendeiner Stelle des Universums außerhalb unserer Erde die Entwicklung weiter bis zum Entstehen intelligenzbegabter Wesen und einer technischen Zivilisation fortschreiten konnte, diese Chancen müssen... als so gering eingeschätzt werden, daß ihre statistische Wahrscheinlichkeit mit Null so gut wie zusammenfällt.«

Und noch einmal Hans Elsässer in »Weltall im Wandel«, S. 350:

»Die Hoffnung auf Tausende und Abertausende von zivilisierten Welten im Kosmos mag zu naiv sein, wenn man aber die Argumente der biologischen Fachkollegen hört, zweifelt man allerdings fast an der eigenen Existenz.«

Goldsmith und Owen nehmen die Drake-Formel ernst und hatten sogar den Mut, Abschätzungen für die einzelnen Koeffizienten anzugeben. Am Ende erhalten sie ein Ergebnis, wonach die Anzahl der Kulturen in der Galaxis der mittleren Lebensdauer solcher Kulturen in Jahren entspricht. Gehen wir davon aus, daß sich Kulturen nach Erreichen einer bestimmten Höchstgrenze selbst ausrotten, so wie das auf der Erde nicht unwahrscheinlich ist, hätten wir bei einer Dauer technischer Zivilisationen auf der Erde von 100 bis 200 Jahren mit nur 100 bis 200 gleichzeitig existenten technischen Kulturen auch im Milchstraßensystem zu rechnen. Das wäre wahrlich nicht viel bei dieser gewaltigen Sternanhäufung. Sind wir aber Optimisten und glauben, es wird uns gelingen, die Verhältnisse auf der Erde langzeitig zu stabilisieren, und gestehen wir das auch anderen technischen Zivilisationen zu, könnten wir eine Lebensdauer von Millionen bis viele Millionen Jahre annehmen.

Dann sollte es in der Galaxis auch viele Millionen technischer Zivilisationen geben. Nach Meinung der zitierten Autoren.

In manchen Schriften können wir lesen, daß sich technische Zivilisationen nicht nur in ihrem Planetensystem, sondern gar innerhalb ihrer Galaxie ausbreiten und ferne Planetensysteme besiedeln können. Sie sollten sogar in der Lage sein, die Energien des Weltalls zu beherrschen und zu nutzen. Es ist nicht ganz klar, welche Energien das sein könnten; die Energieerzeugung eines Sterns kann doch kaum gemeint sein, denn das wäre doch etwas zuviel des Benötigten. Aber wer weiß schon, wozu eine Jahrmillionen dauernde Zivilisation in der Lage wäre. Die technische Entwicklung ist auf der Erde außerordentlich schnell vorangeschritten. Von den ersten Flugversuchen bis zur Landung auf dem Mond vergingen keine hundert Jahre. Sollte sich diese Entwicklung fortsetzen, wären allerdings bis in eine ferne Zukunft gewaltige technische Leistungen zu erwarten. Die Zivilisation kann dann nur hoffen, daß kein Stern als Supernova in der Nähe explodiert, daß die höchstentwickelte Intelligenz aber zumindest in der Lage ist, die reichlich vorhandenen »kosmischen Energien« zu nutzen, um ein solches Ereignis zu verhindern. Paul Davies, Professor für theoretische Physik in Newcastle, schrieb ein Buch mit dem schlagkräftigen Titel »Gott und die moderne Physik«. Das Buch wurde daher auch ins Deutsche übersetzt, und in diesem Buch liest sich das so (S. 101):

»Die Möglichkeit außerirdischen Lebens läßt an Geschöpfe mit einer weit höheren Intelligenz als der des Menschen denken, denn da die Erde nicht einmal halb so alt wie das Weltall ist, könnten Planeten existieren, auf denen sich schon vor Jahrmilliarden intelligente Geschöpfe entwickelt haben. Ihr Intellekt und ihre Technik könnten unseren Fähigkeiten unvorstellbar weit überlegen sein. Es ist denkbar, daß Lebewesen mit solch fortgeschrittenen Möglichkeiten die Herrschaft über große Bereiche des Universums ergriffen haben, auch wenn wir bisher keinen Hinweis darauf haben entdecken können.«

Bleiben wir zeitlich etwas näher. Die Gewinnung von Rohstoffen auf dem Mond oder dem Mars und ihr Transport zur

Erde ist vorstellbar, würde aber mit heutiger Technik noch nicht durchgeführt werden können. Die Fusion des Wasserstoffs zu Helium als Energiequelle existiert bisher nur unkontrolliert in der Wasserstoffbombe. Die gesteuerte Kernfusion liegt noch in unbestimmter Ferne. Schon bald könnte es aber sinnvoll sein, gefährliche radioaktive Abfälle in den Weltraum zu schießen. Die Verlegung umweltbelastender Industrien wurde auch schon vorgeschlagen; zur Zeit ist das noch ganz unrealistisch.

Wenn es um außerirdische Besiedlung geht, könnten wir, ganz wissenschaftlich ausgedrückt, nahe Himmelskörper gewissermaßen als eine ökologisch unbesetzte Nische betrachten, in die der Mensch eindringt. Allerdings fragt man sich, was Menschen dazu bringen sollte, sich auf dem Mond, dem Mars oder einem Asteroiden niederzulassen, wo doch die Erde so viel schöner ist. Es wäre wohl auch besser, die Erdbevölkerung künftig zu begrenzen als den Mars zu besiedeln oder Reisen von bis zu Hunderten Jahren Dauer zu nahen und fernen Fixsternen anzutreten, um sich auf deren Planeten anzusiedeln. Aber sensationelle Spekulationen von der Besiedlung weiter Bereiche der Galaxis oder gar der ganzen Galaxis lassen sich immer gut verkaufen.

Kosmos, Zufall und Evolution

Die Evolution nahm einen eigenartigen Verlauf. Wir wissen, daß schon vor drei Milliarden Jahren Einzeller existierten. Dieser Entwicklungsstand änderte sich in den folgenden zweieinhalb Milliarden Jahren nur wenig. Erst vor 550 Millionen Jahren begann das goldene Zeitalter der Evolution, und es entwickelten sich die höheren Stämme der Tiere und Pflanzen. Was könnte diesen Umschwung bewirkt haben?

Im Verlauf der Lebensgeschichte dieses Planeten starb infolge stetiger Evolution in Abständen von acht bis zehn Millionen Jahren die Hälfte aller Tierarten aus und wurde durch neue Arten ersetzt. Heute, da der Mensch seine kulturelle Evolution durchmacht – man kann auch der Auffassung sein, sie ist inzwischen beendet –, geht es viel schneller, das

Aussterben. Der Mensch sorgt dafür, und neue Arten kann er nicht schaffen. Der Übergang von einer Art zur anderen verlief aber nicht immer gleichmäßig. Es gehört zu den großen Ereignissen der Erdgeschichte, daß am Ende der Kreidezeit und damit des Erdmittelalters, vor 65 Millionen Jahren, plötzlich die Saurier, die im Wasser und die auf dem Lande lebenden, aussterben.

Schon Darwin wußte von dieser Unstetigkeit bei der Entwicklung der Lebensformen am Ende des Erdmittelalters; er glaubte aber an keine revolutionäre Veränderung. Er hielt an der stetigen Evolution fest. Die Revolution hielt er für scheinbar, indem uns nur die paläontologischen Zeugnisse für den stetigen Übergang fehlen.

Die Saurier sind infolge ihrer Größe am auffälligsten, aber sie waren nicht allein betroffen. Neben den Sauriern waren die Ammoniten, die Kopffüßler die wichtigsten Lebewesen im Erdmittelalter, und diese verschwanden ebenfalls. Tatsächlich wurde der größte Teil aller Tierarten vernichtet. Das plötzliche Verschwinden der Arten darf allerdings nicht zu eng gesehen werden. Aus der Dicke organischer Ablagerungen auf dem Meeresboden jener Zeit läßt sich schließen, daß das Aussterben über 30 000 bis 50 000 Jahre andauerte. Nachdem die Saurier verschwunden waren, begann das Zeitalter der Säugetiere. Daher ist dieses Ereignis vor 65 Millionen Jahren ganz entscheidend auch für die Existenz des Menschen. Wir müssen fragen, ob es ohne jenen Einschnitt zur rechten Zeit und in der richtigen Größe ebenfalls zur Herausbildung der Säugetiere, der Primaten und des Menschen gekommen wäre.

Die Ursache jenes katastrophalen Ereignisses könnte eine weltweite Klimaänderung infolge des für diese Zeit nachgewiesenen Absinkens des Meeresspiegels, sie könnte aber auch außerirdischen Ursprungs sein. Ein Supernova-Ausbruch »ganz in der Nähe«, wenige 20 oder 30 Lichtjahre entfernt, müßte für das Leben katastrophale Folgen haben. Die starke Strahlung auf allen Wellenbereichen, aber auch Partikelströme, könnten dem irdischen Leben schon gefährlich werden. Die Zahl der Mutationen würde zunehmen. Sie bringen meistens Nachteile für das Individuum, eine beschleunigte Neuentstehung von Arten durch die erhöhte Mutationsrate als Folge der Wellen- und Teilchenstrahlung von der Supernova kann aber nicht ausgeschlossen werden. Vielleicht wurde der Umschwung in der Evolution vor 550 Millionen Jahren durch eine Supernova verursacht.

Das mehrfache Auftreten erdgeschichtlicher Sprünge in späterer Zeit spricht aber eher dafür, daß der Aufprall eines Riesenmeteoriten oder eines Kometen das Sterben der Saurier verursachten. Olbers hatte schon 1810 das Aussterben von Tieren mit dem Aufprall eines Kometen in Verbindung gebracht, obwohl zu dieser Zeit nur die Tatsache des Aussterbens an sich, nicht aber die einer evolutionären Neuentstehung von Arten bekannt war. Die heutigen Vertreter der »Impakt-Hypothese« haben keine schlechten Argumente; sie können auf die »Iridium-Anomalie« verweisen. Iridium und Osmium sind in der Erdkruste äußerst seltene Elemente; in kosmischen Körpern – Asteroiden und Kometen – kommen sie um Größenordnungen häufiger vor. Nun wurden gerade in den Erdschichten, die aus Ablagerungen jener Zeit hervorgegangen sind, ganz wesentlich erhöhte Konzentrationen dieser beiden Elemente gefunden. Ein erhöhter Gehalt an Iridium wurde aber auch an der Grenze vom Eozän zum Oligozän vor 38 Millionen Jahren nachgewiesen, und aus dieser Zeit ist ebenfalls ein Massensterben bekannt.

Es kann gar kein Zweifel bestehen, daß die Erde im Verlauf ihrer Geschichte wiederholt von Meteoriten und Kometen getroffen wurde. Wir brauchen uns nur die anderen Planeten und Monde wie den Merkur, den Mars oder unseren eigenen Mond zu betrachten *(Abb. 54)*. Auf dem Mond zählen wir 83 Krater mit über 160 km Durchmesser. Für die Erde folgen daraus entsprechend ihrer größeren Oberfläche mehr als 1000 Krater dieses Ausmaßes. Sie sind meistens längst wegerodiert. Kleinere und jüngere Krater sind aber noch überall zu finden. Vor 20 000 Jahren riß ein Meteorit einen Krater von 1 300 m Durchmesser im heutigen Arizona *(Abb. 55)*. Die Schätzungen für seine Masse schwanken zwischen 5000 und 50 000 Tonnen. Der Durchmesser des Himmelskörpers sollte dann zwischen 10 und 20 m gelegen haben.

Abb. 54: Der Planet Merkur, übersät von Einschlagkratern (Aufnahme der Planetensonde Mariner 10, 1975)

Abb. 55: Der große Meteoritenkrater in Arizona

Der gewaltigste Meteoritenfall in historischer Zeit ist ganz jungen Datums. Er ereignete sich in den Morgenstunden des 30. Juni 1908 nahe der Steinigen Tunguska, einem Nebenfluß des Jenissei, im fernen Sibirien. Das Ereignis wurde vielerorts, bis hin zur Transsibirischen Eisenbahn, 600 km vom eigentlichen Katastrophenort entfernt, als plötzliche, kurzzeitige und grelle Leuchterscheinung am Himmel beobachtet. Donnerartige Geräusche und Erderschütterungen konnten noch in tausend Kilometer Entfernung wahrgenommen werden. Die Erdbebenstationen in Europa registrierten den Meteoriteneinfall. Eine Druckwelle pflanzte sich durch die Luft um die ganze Erde fort; sie wurde an vielen Stellen in der Welt von automatischen Geräten festgehalten.

Es sollte noch lange dauern, ehe Einzelheiten über das gewaltige Geschehen des Jahres 1908 in der sibirischen Taiga bekannt wurden. Die Welt hatte sich inzwischen verändert; erst 1927 konnte eine sowjetische Expedition in das abgelegene Gebiet vordringen. Nach einem Marsch von Hunderten von Kilometern durch die Wildnis erreichte die Gruppe die Grenze des betroffenen Gebiets. Die Bäume wiesen Schäden auf, Merkmale, die sich bei weiterem Vordringen verstärkten. Dann gelangte die Expedition in eine Zone, wo die Bäume fast radial wie Streichhölzer umgeknickt waren, und schließlich, nach weiteren 50 km, 25 km vom vermuteten Einschlag entfernt, hatte als Folge einer gewaltigen Explosion ein riesiger Waldbrand gewütet. Insgesamt waren 8000 Quadratkilometer Wald vernichtet. Über Menschenverluste wurde niemals etwas bekannt, es kann aber mit Sicherheit angenommen werden, daß sich Nomaden in dem betroffenen Gebiet aufhielten und der Katastrophe zum Opfer fielen.

Der »Tunguska-Meteorit« gibt der Forschung bis heute Rätsel auf, denn es findet sich kein Krater. Nur kleinere Löcher sind vorhanden, von denen nicht einmal sicher ist, daß sie als Folge der Katastrophe entstanden. Sie wurden aufgegraben in der Hoffnung, eingedrungene Meteoritentrümmer zu finden. Nichts! Auch später durchgeführte Bohrungen förderten nichts zu Tage. Das Bild und das Ausmaß der Schäden erinnern stark an eine Kernexplosion. Also wurde von einem explodierten Atomraumschiff der Bewohner ferner Welten gesprochen. Sehr unwahrscheinlich! Ein winziges Schwarzes Loch sollte die Erde aus dem Weltraum erreicht haben, das hier in Erdnähe explodierte. Nur eine Spekulation! Wenn wir aber solche exotischen Deutungen ausschließen, und wenn die Erde auch nicht von einem Meteoriten getroffen wurde, da dieser keine sichtbaren Spuren durch Krater und Trümmer hinterließ, kann nicht ausgeschlossen werden, daß ein Komet, wenn auch von der allerkleinsten Sorte, auf die Erde fiel. Da er aus der Richtung der Sonne kam, konnte er vorher nicht beobachtet werden. Der Kometenkopf zerbarst bei zunehmendem Luftwiderstand in mehreren Kilometern Höhe. Die Explosionswelle vernichtete den Wald.

Das Nördlinger Ries und das Steinheimer Becken in Württemberg entstanden durch den Aufprall von Riesenmeteoriten, und obwohl die Ereignisse lange zurückliegen, ist ihr Ursprung als Einschlagkrater noch deutlich zu erkennen. Das Nördlinger Ries gehört zu den ganz großen Kratern. Bei einem Durchmesser von 18 bis 24 Kilometer und einer Fläche von 380 Quadratkilometer liegt das Gebiet 80 bis 200 Meter unter der umgebenden Landschaft. Während beim Arizona-Krater 0,6 Kubikmeter Gestein aus der Erde gerissen wurden, waren es beim Ries 50 Kubikkilometer. Wir können uns die damaligen Verwüstungen kaum vorstellen. Es ist ein makabrer Vergleich, aber die Gewalt des Einschlags entsprach der Energie von 250 000 Hiroshima-Bomben, die ihre verheerende Kraft urplötzlich freisetzen. Riesige Gesteinstrümmer flogen bis zu 60 Kilometer weit. Heute liegen hundert Ortschaften im Rieskrater, neben Nördlingen als einer der schönsten mittelalterlichen Städte Deutschlands genau neunundneunzig Dörfer.

Der Ries-Meteorit sollte einen Durchmesser von einem Kilometer gehabt haben, aber selbst dieser Einschlag vor 15 Millionen Jahren muß noch zu den kleineren Ereignissen gezählt werden. Es wird vermutet, daß an den Stellen der Hudson-Bai und des Golfs von Mexiko Riesenmeteorite mit mehr als tausend Kilometer Durchmesser niedergingen. Die Aufprallgeschwindigkeit der niederstürzenden Körper liegt zwischen 15 und 20 km/s. Unvorstellbare Energien werden plötzlich umgesetzt. Die Erde muß danach schrecklich ausgesehen haben.

Derartige Ereignisse sind zum Glück äußerst selten. Die Wissenschaftler konnten abschätzen, daß ein Meteorit mit einem Durchmesser von mehr als einem Kilometer im Mittel alle 160 000 Jahre auf die Erde fällt. Der Brocken, der die Saurier von der Erde fegte, war um einiges größer, wahrscheinlich mehr als 10 km Durchmesser, und daher ein ausgesprochen seltenes Ereignis. Die Geologen können alternative Vorschläge machen, wo das Ereignis stattfand. Nördlich von Madagaskar im Indischen Ozean liegt das Amirante-Becken mit einer kreisförmigen Vertiefung von 300 km Durchmesser. In Iowa/USA bietet sich ein 35-km-Krater an, und in der südlichen Sowjetunion und in Libyen liegen gleich mehrere Krater, die in Betracht kämen. Der Popigai-Krater in Sibirien weist einen Durchmesser von 100 km auf. Sein Alter wird auf 38 Millionen Jahre geschätzt. Er kann also nicht Ursache des Sauriersterbens gewesen sein. Übrigens fanden die Wissenschaftler heraus, daß auch vor 38 Millionen Jahren ein Sprung in der Evolution stattgefunden hatte.

Es könnte durchaus eine ganze Kaskade von diesen Riesensteinen auf die Erde gefallen sein. Das Nördlinger Ries und das Steinheimer Becken sind offensichtlich gleichzeitig entstanden. Ein Bombardement von mehreren Tagen durch einen Meteoritenstrom ist ebenfalls nicht auszuschließen. Ihren Ursprung haben die Riesenmeteorite jedenfalls im Asteroidengürtel zwischen Mars und Jupiter. Bei bestimmten Umlaufbahnen können einzelne Asteroiden durchaus in den Anziehungsbereich der Erde geraten.

Nachdem der »Katastrophismus« einmal geboren war, folgten auch bald die Hypothesen. So scheint es in der Erdgeschichte nicht nur zwei Perioden radikaler Umwälzungen gegeben zu haben. Es sieht vielmehr so aus, als wäre während der letzten 250 Millionen Jahre in Abständen von 26 Millionen Jahren die Aussterberate besonders hoch gewesen. Das führte zur »Nemesis-Hypothese«. Danach soll die Sonne einen Begleiter geringer Masse haben, der sich auf einer stark exzentrischen Bahn bewegt. In Perioden von 26 Millionen Jahren kommt er dann immer in die Nähe des Sonnensystems. Dabei muß er die nach dem Holländer Oort benannte »Oortsche Kometenwolke«, die das Sonnensystem umgibt, durchqueren. Die Bahnen der Kometen würden durch die Gravitationswirkung des »Todessterns« erheblich gestört, und ein Schauer von Kometen sollte auf die Erde niedergehen. Das geschähe dann aber über einen sehr langen Zeitraum von vielleicht einer Million Jahren. Die heutigen Erkenntnisse würden dem nicht widersprechen. Der Umbruch könnte sich durchaus über diesen Zeitraum erstreckt haben.

Der Aufprall eines Riesenmeteoriten oder Kometen würde das Leben in weitem Umkreis vernichten; ein solches Ereignis würde aber nicht gleich ganze Arten ausrotten. Das könnte jedoch durch die langfristigen Folgen geschehen. Der beim Aufprall in die Atmosphäre geschleuderte Staub würde über längere Zeit – Tausende von Jahren – die Sonneneinstrahlung vermindern, die Erde würde zur Kältewüste, Nahrungsketten müßten unterbrochen werden. Jene Arten, die sich der veränderten Umwelt nicht schnell genug anpassen, sterben aus. Wir wissen aber auch von Cyanid- und Schwermetallverbindungen im Kern eines Kometen, so daß eine Vergiftung des Wassers nicht auszuschließen ist.

Der Katastrophismus ist in gewisser Weise eine moderne Form der Sintflut. Der Einschlag eines Meteoriten oder Kometen, wie wir ihn für das Ende des Erdmittelalters vermuten. in heutiger Zeit würde vielen Millionen Menschen das Leben kosten; die Art »homo sapiens« würde dadurch nicht ausgerottet werden. Dennoch müßten die Folgen für die dichtbevölkerte Erde katastrophal sein. Über die vielen Millionen unmittelbarer Opfer hinaus wäre Milliarden Menschen durch die totalen Zerstörungen die wirtschaftliche Grundlage entzogen. Dichtbesiedelte Länder könnten sich durch die Klimaveränderungen ihrer Landwirtschaft beraubt sehen; sie müßten zumindest mit erheblichen Ertragseinbußen rechnen.

Die heutigen menschlichen Großgemeinschaften reagieren auf Störungen ihrer Wirtschaft sehr empfindlich. Eine solche Katastrophe würde die Weltwirtschaft zusammenbrechen lassen. Ein erbarmungsloser Kampf um die verbliebenen bewohnbaren Gebiete könnte beginnen. Wahrscheinlich würden die Menschen wie zu Urzeiten ums Überleben kämpfen. Es werden Menschen in einer dünner besiedelten Welt übrigbleiben, aber sie würden sich wieder am Anfang ihrer kulturellen und technischen Entwicklung sehen.

Wir wissen, daß ein solches Ereignis außerordentlich selten ist. Wir sollten uns also keine Sorgen machen. Irgendwann aber wird es die Erde wieder treffen. Damit werden Träume von einer andauernden technischen Höherentwicklung auf diesem Planeten, solange er existiert, etwas zweifelhaft. Es bliebe allerdings die Hoffnung, daß eine höchste Technik der Zukunft einen Meteoriten und vielleicht auch einen Kometen so stark aus seiner Bahn lenken könnte, daß er an der Erde vorbeiflöge.

KOSMOLOGIE ALS HYPOTHESE UND THEORIE

Unser Wissen vom Kosmos hat sich in neuerer Zeit in geradezu atemberaubender Weise vermehrt. Noch zu Beginn des Jahrhunderts wußten die Astronomen einiges über unser Planetensystem und die Sterne unserer Nachbarschaft. Jenseits dieses vergleichsweise winzigen Ausschnitts des Kosmos war unbekanntes Gebiet. Sternphysik wird weiterhin intensiv betrieben, da die Entwicklungsgeschichte der Sterne und die gewaltigen Energieumsetzungen noch genauer erforscht werden müssen. Diese Disziplin ist keineswegs abgeschlossen, aber über die Physik der Sterne hinaus studieren wir heute ganze Sternsysteme, von denen wir am Anfang des Jahrhunderts noch nicht einmal wußten, ob es sie auch wirklich gibt. Die Entdeckung neuer, aufregender Objekte, wie Neutronensterne, Schwarze Löcher oder Quasare, die uns tiefere Einsichten in die Entwicklung des Kosmos brachten und noch bringen werden, sind erst jüngsten Datums. Daneben aber wird die neuere Astrophysik geprägt durch das Studium dieses ganzen gewaltigen Universums, dessen Elemente jene Sternsysteme in unvorstellbar großer Zahl sind.

Die Astronomen entdeckten die Ausdehnung des Universums und fanden mit der kosmischen Hintergrundstrahlung den Beweis für einen einstmals heißen und dichten Zustand der Materie zu einer Zeit, da es noch keine Sterne und Sternsysteme gab. Das Universum hatte einen Anfang, und es macht eine Entwicklung durch. Wir können sogar angeben, wie weit der Beginn dieser Entwicklung zurückliegt. Wir wissen aber auch, daß noch manches Einzelproblem zu lösen ist; die Galaxienbildung ist ein zentrales Thema.

Können wir dennoch glauben, ein schon im wesentlichen richtiges Bild des Universums und seiner Entwicklung zu besitzen, oder müssen wir auch künftig mit Umwälzungen rechnen?

Erfahrungen mahnen zur Vorsicht. Ende des 19. Jahrhunderts herrschte die Meinung vor, die Physik sei so gut wie abgeschlossen. Dann kam 1900 Max Planck, und die Physik sah auf einmal ganz anders aus. Da stimmte auf einmal nichts mehr. Neue Theorien der Materie entstanden und gewährten uns neue Einblicke in die Welt der unbelebten Materie. Eine so radikale Umwälzung ist in der Kosmologie wohl nicht zu erwarten. Die Evolution des Universums kann als gesichert gelten. Anfang und Zukunft aber sind in diesem Modell ganz entscheidende Fragen, und hier sind wir von einer befriedigenden Erklärung noch weit entfernt. Die Singularität, der Punkt Null reizte zu mancherlei Vorschlägen und muß daher weiterhin als ungelöst angesehen werden.

Bei Rudolf Kippenhahn, dem Chef des Max-Planck-Instituts für Physik und Astrophysik in Garching bei München, fand der Autor ein Zitat, das auf den sowjetischen Physiker Jakov Zeldovich zurückgeht: »Die Kosmologen irren oft, doch nie quält sie ein Zweifel.« Der Autor empfand Freude ob des Humors eines Mannes, der sich über sich selbst und seine Kollegen mit Souveränität lustig machen kann. Der Autor konnte erkennen, daß er mit Zweifeln nicht allein steht.

In diesem Buch wurden nicht alle Hypothesen, die im Laufe von Jahrzehnten vorgestellt wurden, behandelt, da sie ohnehin schon wieder vergessen sind. Mit der Steady-State-Theorie des »enfant terrible« der Astrophysik, Fred Hoyle (s. S. 119) – der jüngst behauptete, die gewaltigen interstellaren Staubmassen seien Bakterien – und seinen Kollegen wurde eine Ausnahme gemacht, da sie von allen Hypothesen die weitaus meiste Beachtung fand. Das Unbehagen, das der Autor empfindet, bezieht sich insbesondere auf den frühen Zustand des Universums, da von Zeiten gesprochen und geschrieben werden muß, mit denen verglichen eine Sekunde nahe der Ewigkeit liegt. Bei diesen Zeiten ist von Drücken und Temperaturen die Rede, die im Labor weder jetzt noch künftig verwirklicht werden können. Die frühe Welt existiert nur in Formeln. Es ist keineswegs abwegig, solche Berechnungen mit Dichten von zehn hoch vielen Potenzen durchzuführen; wir sollten aber bezweifeln, daß das schon gesichertes Wissen ist.

Vorerst ist der »inflationäre Kosmos« ebenso noch Hypothese wie der Übergang von möglichen zu realen Teilchen in einem quantenfeldtheoretischen leeren Raum. Immer wieder werden Hypothesen vorgebracht. Noch ist die Galaxienbildung einigermaßen rätselhaft. Nun ist ein neuer hypothetischer Begriff »Strings« aufgetaucht. Diese Strings wären fadenartige, energiereiche, dennoch unsichtbare Strukturen im Weltall, in sich geschlossen oder ins Unendliche reichend. Sie sollten unmittelbar nach dem Urknall entstanden sein, etwa während der ersten Sekunde. Sie lösten sich bald wieder auf, einige von ihnen könnten aber noch mit fast Lichtgeschwindigkeit durch den Raum geistern. Ein Nachweis erscheint zur Zeit ausgeschlossen. Strings hätten nun während der Frühzeit des Universums aufgrund ihrer hohen Energie – und das entspricht ja einer großen Masse – zu einer ungleichmäßigen Materieverteilung geführt. Sie hätten weitere Materie an sich ziehen können und wären so zu Keimzellen für die künftigen Galaxien geworden. Es ist durchaus notwendig, auf dem Wege zur Annäherung an die absolute Wahrheit solche Hypothesen vorzustellen und zu prüfen, dabei soll aber darauf verwiesen werden, wie vieles noch unklar ist und künftiger Lösung bedarf.

Noch vor einem guten Dutzend Jahren bestanden über die Entwicklung des Universums weniger Unklarheiten als heute. Da war der allerdings unverständliche Anfang von Raum, Zeit und Materie; die Materie war dicht und heiß und dehnt sich seither aus. Die Zeit unmittelbar nach dem Punkt Null war nicht Gegenstand von Untersuchungen; die Physiker hätten dazu noch keine Aussagen machen können. Inzwischen hat die Elementarteilchenphysik enorme Fortschritte gemacht, und die Physiker können sich an die Erforschung der unmittelbaren Nähe des Punktes Null herantrauen. Es ist aber erst ein Anfang; Entscheidendes kann sich noch ganz anders darstellen, als wir es heute sehen.

Das sollte auch für die Zukunft des Universums gelten. Erste Überlegungen hierzu sind allerjüngsten Datums, und selbstverständlich sind solche Überlegungen ebenfalls heute schon gerechtfertigt. Exaktere Aussagen mit einem wesentlich höheren Maß an Wahrscheinlichkeit werden wir aber erst dann machen können, wenn wir diesen reichhaltigen Kosmos mit seinen faszinierenden Objekten noch besser verstanden haben, und wenn wir noch tiefer in die Struktur der Materie eingedrungen sind. Vorerst können nur Alternativen angegeben werden, die sich ganz erheblich unterscheiden. Ein »Recycling« des Universums durch ein oszillierendes Modell ist eine von mehreren Alternativen.

Kosmologie ist ein faszinierendes Gebiet. Seit der Jahrhundertwende divergierten die Naturwissenschaften in ungeahnter Weise. Es gibt heute nur noch Fachleute auf engen Spezialgebieten. Die Kosmologie vermag unter Einbeziehung aller Disziplinen der Physik eine Gesamtschau der räumlichen und zeitlichen Struktur des Universums zu geben. Die Kosmologie befriedigt den Erkenntnisdrang des Menschen nach Einsichten in die Natur wie auf keinem anderen Gebiet der Physik. Er sucht nach Antworten auf die Frage nach seiner Stellung in diesem Universum. Er wird immer wieder nach Antworten suchen, obwohl wir zweifeln müssen, daß sie überhaupt gegeben werden können.

ANHANG

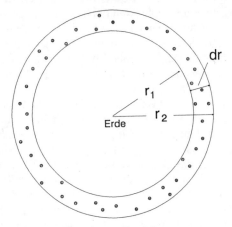

Abb. 56 Das Olbers'sche Paradoxon. Bezeichnungen

Das Olbers'sche Paradoxon

Wir denken uns eine Kugelschale um die Erde im Abstand r, mit der Schalendicke dr. Das Volumen einer Kugel mit dem Radius r ist gegeben durch

$$V = \frac{4}{3} r^3 \pi$$

Das Volumen unserer Kugelschale folgt dann aus der Differenz zweier Kugelvolumina mit den Radien r_1 und r_2:

$$V = \frac{4}{3} \pi (r_2^3 - r_1^3) = \frac{4}{3} \pi [(r_1 + dr)^3 - r_1^3]$$

Wir multiplizieren die Klammer aus:

$$V = \frac{4}{3} \pi (r_1^3 + 3r_1^2 dr + 3r_1 dr^2 + dr^3 - r_1^3)$$

Wir setzen $dr \ll r_1$ voraus und vernachlässigen daher alle kleinen Größen, das sind die Glieder mit den zweiten und dritten Potenzen von dr, also

$$V = 4\pi r_1^2 dr$$

Das ist die Kugeloberfläche mit dem Radius r_1, multipliziert mit der Schalendicke. Wir hätten unser Ergebnis also auch durch diesen Schluß sofort erhalten können; bei der Voraussetzung $dr \ll r_1$ ist das zulässig.

Die Volumeneinheit unserer Schale möge n Sterne als punktförmige Lichtquellen mit der absoluten Leuchtkraft I_0 enthalten. Die Gesamtzahl der Sterne in der Kugelschale erhalten wir durch die Multiplikation des Volumens V mit der Anzahl n der Sterne in der Volumeneinheit:

$$N = V \cdot n = 4\pi r_1^2 dr \cdot n$$

Die Intensität einer punktförmigen Lichtquelle nimmt umgekehrt proportional mit dem Quadrat der Entfernung ab, so daß sich die Intensität eines Sterns am Ort der Erde zu

$$I = \frac{I_0}{r_1^2}$$

ergibt. Die gesamte Strahlungsintensität, welche die Erde von der Kugelschale erreicht, ist dann

$$I_s = N \cdot I = 4\pi dr \cdot n \cdot I_0$$

Dieser Wert ist von der Entfernung r_1 unabhängig. Von jeder Schale in einer beliebigen Entfernung erreicht uns also die gleiche Strahlungsintensität. In einem unendlich ausgedehnten Universum lassen sich auch unendlich viele Kugelschalen denken, so daß sich unendlich viele endliche Lichtmengen zu einem unendlichen Wert addieren. Nun sind die Sterne aber nicht punktförmig, sie haben eine endliche, wenn auch sehr kleine Flächenausdehnung. Sie verdecken sich also teilweise. Immerhin aber müßte jedes Stückchen der Himmelsfläche so hell wie ein Stern sein. Etwa 6000 Sonnen würden die ganze Himmelsfläche überdecken. Der Himmel müßte also so hell wie 6000 Sonnen sein.

Glossar

Antimaterie – Zu jedem Teilchen der Materie unserer Welt gehört ein Antiteilchen mit der gleichen Masse, aber entgegengesetzter Ladung (und weiteren, weniger anschaulichen kennzeichnenden Merkmalen). Zum positiv geladenen Proton gibt es ein negativ geladenes Antiproton, zum negativ geladenen Elektron ein positiv geladenes Positron, zum elektrisch neutralen Neutron ein elektrisch neutrales Antineutron. Antiteilchen können künstlich erzeugt werden. Antimaterie setzt sich aus Antiteilchen zusammen. Beim Zusammentreffen von Teilchen und Antiteilchen vernichten sie sich und werden zu Strahlung.

Asteroiden – Siehe **Planetoiden**.

Baryonen – Im wesentlichen das Proton und das Neutron.

δ **-Cepheiden** – Nach dem Stern δ-Cepheus benannt. Ein pulsierender Stern. Er ändert seine Helligkeit periodisch, indem sein Radius zu- und abnimmt. Ursache dieser Pulsation ist die Art der Energieerzeugung im Sterninnern. Es besteht ein direkter Zusammenhang zwischen der Pulsfrequenz und der absoluten Helligkeit des Sterns. Da die scheinbare Helligkeit mit dem Quadrat der Entfernung abnimmt, kann aus der gemessenen scheinbaren Helligkeit und der absoluten Helligkeit, wie sie sich aus der leicht zu messenden Pulsfrequenz ergibt, auf die Entfernung des Sterns geschlossen werden. Cepheid-Veränderliche sind daher für die Entfernungsbestimmung im Weltall von hervorragender Bedeutung.

Deuterium – Schwerer Wasserstoff. Der Deuteriumkern besteht aus einem Proton und einem Neutron.

Dopplereffekt – Die Verschiebung der Wellenlänge der elektromagnetischen Strahlung und des Schalls nach längeren Wellen hin, wenn sich die Licht- oder Schallquelle entfernt und nach kürzeren Wellen hin, wenn sich die Quelle nähert.

Elektron – Ein elektrisch negativ geladenes Teilchen – Elektronen bilden die Atomhülle, können aber auch als freie Teilchen auftreten, beispielsweise in einem Plasma, einer heißen Mischung aus Elektronen und elektrisch positiven Atomkernen (Ionen).

Eschatologie In der christlichen Glaubenslehre die »Lehre von den letzten Dingen«, vom Ende der Welt, von der Auferstehung der Toten, vom Jüngsten Gericht und vom Reiche Gottes auf Erden.

Euklidischer Raum – Der Begriff »euklidisch« wurde vom Namen des griechischen Mathematikers Euklid hergeleitet. Der euklidische Raum ist der dreidimensionale Raum unserer Anschauung. Dieser Raum ist ungekrümmt. Ein dreidimensionaler nichteuklidischer Raum ist gekrümmt. Er ist unanschaulich. Zweidimensionale nichteuklidische Räume sind uns aber geläufig. Ein zweidimensionaler euklidischer Raum ist eine ebene, ein zweidimensionaler nichteuklidischer Raum eine gekrümmte Fläche, beispielsweise die Oberfläche einer Kugel oder eines Ellipsoids. Dreidimensionale nichteuklidische Räume sind physikalische Realität, allerdings macht sich die Krümmung erst in kosmischen Ausmaßen bemerkbar.

Galaxie – Eine gewaltige Ansammlung von Sternen, Gas und Staub. Das System wird durch die Gravitation zusammengehalten. Wir unterscheiden vom Aussehen her spiralförmige, elliptische und irreguläre Galaxien.

Galaxis – Auch Milchstraßensystem genannt, unser heimatliches Sternsystem – Es gehört zu den großen Spiralgalaxien.

Gravitation – Die Schwerkraft, Bezeichnung für die Tatsache, daß sich verschiedene Massen wechselseitig anziehen.

Hadronen – Ein Sammelbegriff für die »schweren« Teilchen, das sind die Baryonen und die instabilen Mesonen. Die Hadronen unterliegen der starken Kernkraft.

Halbwertszeit – Die Zeit, in der ein radioaktives Isotop auf die Hälfte seiner Masse zerfällt.

Halo – Der annähernd kugelförmige Bereich, der die Scheibe einer Spiralgalaxie umgibt und angefüllt ist mit alten Sternen, Kugelsternhaufen und Gas. Der Begriff wird auch bei anderen Galaxientypen verwendet.

Hubblekonstante – Zwischen der Fluchtgeschwindigkeit der Galaxien und deren Entfernung besteht ein linearer Zusammenhang:

Fluchtgeschwindigkeit = H · Entfernung

H ist die Hubblekonstante. Ihre Größe ist ein Maß für die Ausdehnungsgeschwindigkeit des Universums.

Intergalaktisch – Der Raum zwischen den Galaxien.

Interstellar – Der Raum zwischen den Sternen.

Ion – Ein Atom oder Molekül, das Elektronen abgegeben oder aufgenommen hat. Verliert ein Atom Elektronen, ist die Zahl der positiv geladenen Protonen im Kern größer als die Zahl der Elektronen in der Atomhülle, so daß das Ion positiv geladen ist. Bei der Aufnahme von Elektronen durch ein Atom ist das Ion negativ geladen.

Isotop – Der Atomkern eines chemischen Elements besteht aus Protonen und Neutronen. Die chemischen Eigenschaften werden durch die Zahl der Protonen festgelegt. Die Zahl der Neutronen kann innerhalb enger Grenzen verschieden sein. Ein Isotop ist daher ein chemisches Element mit der gleichen Protonen- aber ungleichen Neutronenzahl. Beispielsweise besteht das Chloratum stets aus 17 Protonen, dagegen kann die Anzahl der Neutronen 18 oder 20 sein. Das sind die beiden Isotope des Chlors.

K, Kelvin – ist die nach dem englischen Physiker Lord Kelvin (1824–1907) benannte Temperaturskala. Der Nullpunkt dieser Skala fällt mit dem absoluten Nullpunkt zusammen, wo alle Wärmebewegung aufhört. Dem absoluten Nullpunkt der Temperatur kann man sich nach dem 3. Hauptsatz der Wärmelehre zwar annähern, er kann aber nicht erreicht werden. Es gilt

$$0 \text{ K} = 273{,}15° \text{ C}$$

Bei hohen Temperaturen ist dieser Unterschied bedeutungslos.

Komet – Ein Objekt des Sonnensystems, das die Sonne auf Bahnen mit sehr unterschiedlicher Umlaufzeit von Jahren bis zu Jahrtausenden umkreist. Kometen besitzen eine verhältnismäßig geringe Masse. Sie stellen einen »schmutzigen Schneeball« dar, bestehend aus Staub, Gesteinsbrocken und gefrorenen Kohlenwasserstoffen, aber auch Ammoniak. In der Nähe der Sonne verdampft die Materie, leuchtet auf und bildet durch den Strahlungsdruck der Sonne einen manchmal spektakulären Schweif von bis zu Millionen Kilometer Länge aus. Wahrscheinlich enthält das Sonnensystem Milliarden von Kometen.

Kosmogonie – Die Naturwissenschaft, die sich mit dem Ursprung des Universums beschäftigt.

Kosmologie – Die Naturwissenschaft, die sich mit der Struktur und der Entwicklung des Universums im großen beschäftigt.

Kosmologisches Prinzip – Die Annahme, daß das Universum im großen homogen und isotrop ist. Von jedem Ort aus stellt sich das Universum für einen Beobachter als gleich strukturiert dar.

Kugelsternhaufen – Siehe *Sternhaufen, kugelförmige.*

Leptonen – Ein Sammelbegriff für die »leichten Teilchen, die nicht der starken Kernkraft unterliegen. Hierzu gehören die Elektronen und die sehr leichten Neutrinos.

Lichtgeschwindigkeit – Sie beträgt im Vakuum 299 792 km/s, ≈ 300 000 km/s. Das ist in einer Sekunde etwa siebeneinhalbmal um die Erde.

Lichtjahr – Die Entfernung, die das Licht in einem Jahr zurücklegt. Das sind

$$1 \text{ Lichtjahr} = 9\,460\,000\,000\,000 \text{ km} = 9{,}46 \cdot 10^{12} \text{ km}.$$

Mesonen – Eine Klasse instabiler schwerer Teilchen, die sich aus einem Quark und einem Antiquark zusammensetzen. Sie entstehen bei verschiedenen Kernprozessen als Zwischenprodukte.

Milchstraße – Das leuchtende, helle Band am Himmel, das die ganze Erde umzieht. Im Fernrohr löst sich die Milchstraße in unzählige Sterne auf, die Sterne unseres heimatlichen Sternsystems, der Galaxis.

Milchstraßensystem – Siehe *Galaxis.*

Neutrinos – Sehr leichte, elektrisch neutrale Teilchen. Es ist bisher nicht klar, ob Neutrinos eine Ruhemasse haben.

Neutron – Ein elektrisch neutrales Kernteilchen. Protonen und Neutronen bilden die Kerne der Atome.

Nichteuklidischer Raum – Siehe *Euklidischer Raum*.

Nova – Eine Sternexplosion mit Helligkeitsanstieg auf das Tausendfache. Heute nimmt man an, daß Novae bei Weißen Zwergen auftreten, die mit einem normalen Stern ein Doppelsternsystem bilden. Der Weiße Zwerg saugt vom anderen Stern Wasserstoff ab. Nach Überschreiten einer kritischen Dichte zündet die Schicht zur Kernfusion.

Nukleon – Kernteilchen. Sammelbegriff für Proton und Neutron.

Photon – Elektromagnetische Strahlung kann nach der Quantentheorie sowohl als Wellenbewegung als auch als Teilchenstrom angesehen werden. Danach ist das Photon das Strahlungsteilchen. Es bewegt sich mit Lichtgeschwindigkeit, so daß es keine Ruhemasse besitzen kann.

Planetoiden – Auch Asteroiden genannt. Kleine planetenähnliche Körper, welche wie die Planeten die Sonne umkreisen. Der größte Planetoid ist die Ceres mit einem Durchmesser von 770 Kilometer (Erde 12 740 km). Die Mehrzahl dieser Himmelskörper befindet sich in dem Raum zwischen den Bahnen von Mars und Jupiter.

Positron – Das positiv geladene Antiteilchen des Elektrons.

proto- – Eine Vorsilbe, die ein »bevor« bedeutet. Im Zusammenhang mit Himmelsobjekten weist sie auf den Zustand des Objekts hin, bevor es sich bildete. Eine Protogalaxie ist dann eine kosmische Gaswolke, die sich noch zum Sternsystem entwickeln muß.

Proton – Ein positiv geladenes Kernteilchen. Das leichteste aller chemischen Elemente, der Wasserstoff, besteht nur aus einem Proton. Schwerere Atome setzen sich aus Protonen und Neutronen zusammen.

Pulsare – Ein schnell rotierender Neutronenstern. Dieser Sterntyp besteht aus dicht gepackten Neutronen.

Quantenelektrodynamik – Die Quantentheorie, angewendet auf die elektromagnetischen Erscheinungen.

Quantenfeldtheorie – Die Verknüpfung von Relativitätstheorie und Quantentheorie. Eine solche Theorie konnte bisher allgemein nicht formuliert werden.

Quantenmechanik, Quantentheorie – Eine Theorie des Atoms, seiner Teile und seiner Struktur. Danach kann Energie nur in Vielfachen einer kleinen, endlichen Menge, in »Quanten«, und nicht in beliebig unterteilbarer Menge abgegeben werden.

Quarks – Die Bestandteile der Kernteilchen Proton und Neutron. Fünf Quarks konnten nachgewiesen werden, ein sechstes wird vermutet. Stabile Materie besteht aus zwei Quarkarten, die mit *up* und *down* bezeichnet werden. Die instabilen Mesonen setzen sich aus je einem Quark und einem Antiquark zusammen. Wahrscheinlich lassen sich Quarks nicht als isolierte Teilchen darstellen.

Quasare – Astronomische Objekte mit hoher Rotverschiebung. Bei der Deutung als Dopplereffekt müssen sich diese Objekte in sehr großer Entfernung von uns befinden. Es handelt sich wahrscheinlich um die sehr aktiven Kerne junger Galaxien.

Radioastronomie – Die Erforschung des Weltalls im Bereich der langen Radiowellen. Viele astronomische Objekte, darunter Sterne, Galaxien, Gas, strahlen auch Radiowellen aus.

Radioteleskop – Eine Antenne für den Empfang der Radiowellen. Radioteleskope haben oft gewaltige Ausmaße mit mehreren hundert Metern Durchmesser.

Relativitätstheorie, Allgemeine – Eine von Albert Einstein 1916 veröffentlichte Theorie der Gravitation. Sie ist unter anderem die Grundlage für Berechnungen kosmologischer Modelle.

Relativitätstheorie, Spezielle – Eine von Albert Einstein 1905 veröffentlichte Theorie, die sich mit schnell bewegten Objekten beschäftigt. Wesentliches Ergebnis der Theorie ist die Gleichwertigkeit von Masse und Energie nach der Formel $E = m \cdot c^2$

Roter Riese – Ein Stern mit stark vergrößertem Volumen, aber niedriger Temperatur. Rote Riesen stellen das späte Stadium einer Sternentwicklung dar, nachdem der Stern den größten Teil seines Kernenergievorrats verbraucht hat.

Rotverschiebung – Bewegt sich ein Körper vom Beobachter weg, vergrößert sich die Wellenlänge einer ausgesendeten elektromagnetischen Strahlung, und das heißt, die Spektrallinien verschieben sich nach dem roten Ende des Spektrums. Aus der Messung dieser Rotverschiebung kann auf die Geschwindigkeit des sich entfernenden Objekts geschlossen werden, was insbesondere in der Astronomie ausgenützt wird.

Ruhemasse – Die Masse eines Körpers ist abhängig von seiner Geschwindigkeit. Sie nimmt mit wachsender Geschwindigkeit zu. Die Masse bei der Geschwindigkeit Null ist die Ruhemasse.

Schwarzes Loch – Ein astronomisches Objekt höchster Dichte. Die Gravitation ist so stark, daß selbst elektromagnetische Wellen das Schwarze Loch nicht verlassen können. Schwarze Löcher entstehen – so glauben die Theoretiker – beim Zusammenstürzen massereicher Sterne am Ende ihres Sternenlebens.

Schwerpunkt – Massenmittelpunkt. Der Punkt, in dem die gesamte Masse eines starren Körpers vereinigt gedacht werden kann. Bei Mehrmassensystemen in der Astrophysik, wie einem Doppelsternsystem, ist der Schwerpunkt ein gedachter Punkt zwischen den Elementen des Systems, um den die Massen kreisen.

Spektrum – Die elektromagnetische Strahlung über den gesamten Wellenbereich von den kurzen bis zu den langen Wellen. Nach ihrer Wellenlänge geordnet unterscheiden wir: γ-Strahlen, Röntgenstrahlen, ultraviolettes Licht, sichtbares Licht, infrarotes Licht, Mikrowellen, Radiowellen. Atome senden Strahlung ganz bestimmter Wellenlänge aus. Üblicherweise versteht man unter »Spektrum« die Zerlegung des Lichtes, um auf diese Weise Erkenntnisse über die materielle Zusammensetzung der Strahlungsquelle zu gewinnen.

Standardmodell – Das Modell geht davon aus, daß das Universum einen zeitlichen Anfang hatte und eine Entwicklung durchmacht. Es nimmt einen heißen und überdichten Zustand der Materie während der Frühzeit des Kosmos an, wie er durch die 3-K-Strahlung nachgewiesen wurde. Die Annahme einer ständigen Ausdehnung des Raumes gründet sich auf die Friedmann-

Lösungen auf der Grundlage der Allgemeinen Relativitätstheorie und die Beobachtung der Rotverschiebung in den Spektren der Galaxien.

Sternhaufen, kugelförmige – Auch Kugelsternhaufen genannt, eine dichte, kugelformige Ansammlung von meistens mehr als 10 000 bis weit über 100 000 Sternen. Etwa 130 Objekte sind bekannt, davon die Hälfte im Halo, die andere Hälfte in der galaktischen Scheibe und nahe dem galaktischen Zentrum. Kugelsternhaufen gehören zu den ältesten Objekten der Galaxis. Sie wurden auch in anderen Galaxien gefunden.

Sternhaufen, offene – Eine lockere Sternansammlung von bis zu mehreren Hundert Sternen. Sie sind meistens etwa gleichzeitig aus dem interstellaren Gas der Scheibe entstanden und lösen sich mit der Zeit durch Eigenbewegungen der Sterne auf. Offene Sternhaufen sind daher verhältnismäßig junge Objekte in der Galaxis.

Strings – Hypothetische, fadenartige, sehr energiereiche, aber unsichtbare Strukturen im Weltall.

Supernova – Eine gewaltige Sternexplosion mit einem vorübergehenden Helligkeitsanstieg bis auf das Vielmilliardenfache der vorherigen Helligkeit des Sterns. Dabei wird der größte Teil der Sternmaterie in den Raum geblasen. Eine Supernova ereignet sich am Ende eines Sternenlebens, wenn der Kernbrennstoff verbraucht ist. Es ist noch nicht klar, ob in allen Fällen von Supernovaexplosionen ein Pulsar als Relikt zurückbleibt.

Teleologie – Die Lehre von einer vorausbestimmten Zweckmäßigkeit allen Geschehens. Die Teleologie ist anthropozentrisch, wenn sie annimmt, daß alles für den Menschen da sei. Sie ist metaphysisch, wenn sie einen die ganze Natur und die Naturentwicklung beherrschenden Endzweck annimmt.

Wechselwirkung – Vorwiegend in der Elementarteilchenphysik verwendeter Begriff für die wechselseitig aufeinander wirkenden Kräfte zweier oder mehrerer Teilchen. Hierzu gehören die Gravitation, die elektromagnetische Kraft, die schwache Kernkraft und die starke Kernkraft.

Weißer Zwerg – Sterne mit kleinem Radius, hoher Dichte und hoher Temperatur. Sie bilden sich im Innern der Sterne als »Asche« der Kernfusion. Wenn der Stern seine äußere Hülle abstößt, wird der kompakte Kern als Weißer Zwerg freigelegt.

Quellen- und Literaturverzeichnis

Um den neuesten Stand der Kosmologie und der Astrophysik berücksichtigen zu können, enthält die Liste eine große Zahl von Artikeln in wissenschaftlichen und populärwissenschaftlichen Zeitschriften. Diese wurden durch * gekennzeichnet.

A. Geschichte der Kosmologie

Dampier, William Cecil, *Geschichte der Naturwissenschaft,* Humboldt 1952.

Ferris, Timothy, *Die rote Grenze,* Birkhäuser 1982. – Eine ausgezeichnete, spannende Geschichte der Entdeckungen im Kosmos während der letzten Jahrzehnte.

Hiller, Horst, *Raum, Zeit, Materie, Unendlichkeit. Zur Geschichte des naturwissenschaftlichen Denkens,* S. Hirzel 1968. – Enthält Kapitel zur Geschichte der Kosmologie und zu den kosmologischen Vorstellungen in der Literatur ihrer Zeit.

Mason, Stephen F., *Geschichte der Naturwissenschaft,* Kröner 1961.

B. Moderne Kosmologie

Das engere Thema der großräumigen Entwicklung des Universums vom Urknall bis in die Zukunft. Eine strenge Trennung zu der folgenden Liste C ist nicht immer möglich.

* Blome, Hans-Joachim und Priester, Wolfgang, »Urknall und Evolution des Kosmos«, *Naturwissenschaften 71* (1984). – In zwei Artikeln eine umfassende Darstellung der modernen Kosmologie und ihrer Probleme. Für den Laien aber nicht ganz einfach zu lesen.

* Börner, Gerhard, »Neuere Entwicklungen in der Kosmologie«, *Physikalische Blätter* 41 (1985). – Ein Fachartikel über die frühe Entwicklung des Kosmos.

* Dicus, Duane A. et al., »Die Zukunft des Universums«, *Spektrum der Wissenschaft* Mai 1983. – Einer der wenigen Artikel zu diesem Thema. Für den Laien verständlich geschrieben.

Stephen W. Hawking, *Eine kurze Geschichte der Zeit. Die Suche nach der Urkraft des Universums,* Rowohlt 1988

Kanitscheider, Bernulf, *Kosmologie. Geschichte und Systematik in philosophischer Perspektive,* Reclam 1984 – Eine ausgezeichnete, umfassende Darstellung. Für den Laien aber nicht immer einfach zu lesen.

Kippenhahn, Rudolf, *Licht vom Rande der Welt,* Deutsche Verlags-Anstalt 1984. – Eine umfassende und dem Laien verständliche Darstellung der modernen Astrophysik unter Berücksichtigung der Kosmologie.

* Priester, Wolfgang, »Der Urknall – Wo blieb die Antimaterie?« *Naturwissenschaftliche Rundschau* 36 (1983). – Die X-Teilchen und der Zerfall des Protons. Dem engagierten Laien noch verständlich.

* Priester Wolfgang und Blome, Hans-Joachim, »Zum Problem des Urknalls: ›Big Bang‹ oder ›Big Bounce‹? Teil 1 und 2, *Sterne und Weltraum 2 (1987) und 3 (1987).* – *Die Physik des frühen Universums. Zwei Artikel für den engagierten Laien.*

Weinberg, Steven, *Die ersten drei Minuten,* Deutscher Taschenbuch Verlag 1980. – Eine verständliche Darstellung der Physik des frühen Universums.

C. Astrophysik

Im wesentlichen Literatur zu den Kapiteln 3 und 4 der Physik der Galaxien.

* Bok, Bart J., »Die Milchstraßengalaxie«, *Spektrum der Wissenschaft* 5 (1981). – Alle Artikel in *Spektrum der Wissenschaft* sind für den Laien geschrieben.

* Burns, Jack O., »Sehr große Strukturen im Universum«, *Spektrum der Wissenschaft,* 9 (1986).

Elsässer, Hans, *Weltall im Wandel. Die neue Astronomie,* Deutsche Verlags-Anstalt 1985. – Unter Berücksichtigung der modernen Meßmethoden. Verständlich geschrieben.

* Geballe, Thomas R., »Das Zentrum der Milchstraße«, *Spektrum der Wissenschaft* 9 (1979).

* Gorenstein, Paul und Tucher, Wallace, »Reiche Galaxienhaufen«, *Spektrum der Wissenschaft* 1 (1979).

* Gregory, Stephen A. und Thompson, Laird A., »Galaxienverteilung: Superhaufen und Riesenlücken«, *Spektrum der Wissenschaft* 5 (1982).

Kippenhahn, Rudolf, *Hundert Milliarden Sonnen,* Piper 1984. –Eine Sternphysik für jedermann.

* Osmer, Patrick S., »Quasare: Boten aus der Vergangenheit des Universums«, *Spektrum der Wissenschaft* 4 (1982).
* Rubin, Vera C., »Dunkle Materie in Spiralgalaxien«, *Spektrum der Wissenschaft* 3 (1983). – Das Problem der »fehlenden Masse«.
* Ruder, Hanns et al., »Pulsar: High Magnetic Field Laboratories with 10^8 T«, *Physica 127* B (1984). – Ein Fachartikel über Röntgenpulsare.

Unsöld, Albrecht und Baschek, Bodo, *Der neue Kosmos,* Springer 1981. – Eine umfassende Darstellung der modernen Astrophysik unter Einbeziehung der Kosmologie. Ein Fachbuch, für den engagierten Laien aber sehr nützlich.

D. Das Anthropische Prinzip

Literatur zu Kapitel 8

* Börner, Gerhard und Straumann, Norbert, »Das Modell des inflationären Universums«, *Physikalische Blätter* 41 (1985). – Ein Fachartikel.
* Carr, B.J. und Rees, M.J., »The anthropic principle and the structure of the physical world«, *Nature* 278 (1979). – Ein Fachartikel mit vielen Formeln.
* Guth, Alan, H. und Steinhardt, Paul J., »Das inflationäre Universum«, *Spektrum der Wissenschaft* 7 (1984).
* Kanitscheider, Bernulf, »Physikalische Kosmologie und Anthropisches Prinzip«, *Naturwissenschaften* 72 (1985). – Eine für den Laien verständliche Einführung.
* Trimble, Virginia, »Cosmology: Man's Place in the Universe«, *American Scientist* 65 (1977). – Unter Einbeziehung der Stern- und Galaxienphysik.

E. Das Leben

Literatur zu Kapitel 9

* Brosche, Peter, »Große Impakt-Ereignisse auf der Erde und die Kreide-Katastrophe«, *Sterne und Weltraum* 1 (1987). – Eine verständliche Einführung.

Erben, Heinrich K., *Intelligenz im Kosmos?,* Piper 1984. – Eine ausführliche und sehr kritische Darstellung für den Laien.

Goldsmith, Donald und Owen, Tobias, *Auf der Suche nach Leben im Weltall,* S. Hirzel 1984. – Eine umfassende Darstellung mit viel Astrophysik. Für den Laien.

Hoyle, Fred, *Das intelligente Universum,* Umschau 1984. Eine sehr eigenwillige Darstellung über Ursprung und Entwicklung des Lebens, die nur von wenigen Wissenschaftlern als wahrscheinlich angesehen wird.
* Hsü, Kenneth J., »Was verursachte das Massensterben im Erdmittelalter?«, *Umschau* 3 (1983). – Für den Laien geschrieben.
* Rieppel, Olivier, »Der neue Katastrophismus: Fakten und Interpretation«, *Naturwissenschaften* 72 (1985). – Eine ausführliche Darstellung der Sprünge in der Evolutionsgeschichte und ihrer möglichen Ursachen.
* Vogt, Nikolaus, »Gibt es außerirdische Intelligenz?«, *Naturwissenschaftliche Rundschau* 36 (1983). – Eine Betrachtung zur Drake-Formel.

F. Verschiedenes

Atkins, Peter W., *Schöpfung ohne Schöpfer. Was war vor dem Urknall?,* Rowohlt 1984. – Nicht jedermann wird nach der Lektüre dieses Buches davon überzeugt sein, daß das Problem nun gelöst ist.

Boslough, John, *Jenseits des Ereignishorizonts. Stephen Hawking's Universum,* Rowohlt 1985. – Für den Laien geschrieben, aber nicht immer einfach zu verstehen. Verschiedene Aspekte der Kosmologie und der Astrophysik im Zusammenhang mit den Arbeiten Stephen Hawkings.

Davies, Paul, *Gott und die moderne Physik,* Bertelsmann 1986. – Ein Buch für alle diejenigen, die solche Betrachtungen gern lesen.

BILDQUELLEN

S. 30, Andromeda-Galaxie: Max-Planck-Institut für Astronomie, Heidelberg, Sternwarte Calar Alto, Schmidt-Spiegel

S. 42 u. 43, Modell des Milchstraßensystems: beide Abb. aus Timothy Ferris, Galaxien (Abb. S. 26 mit frdl. Genehmigung) Birkhäuser Verlag AG, Basel

S. 47, Rosettennebel im Sternbild Einhorn: Max-Planck-Institut für Astronomie, Heidelberg, Sternwarte Calar Alto, Schmidt-Spiegel

S. 49, Kugelsternhaufen M 13: Max-Planck-Institut für Astronomie, Heidelberg, Sternwarte Calar Alto, 2,2 m Teleskop

S. 54, Radioteleskop bei Effelsberg: Max-Planck-Institut für Radioastronomie, Bonn, MPI für Radioastronomie

S. 59, Spiralgalaxie M 51: Okapia Frankfurt

S. 59, Spiralgalaxie NGC 4565: Max-Planck-Institut für Astronomie, Heidelberg, Sternwarte Calar Alto, 2,2 m Teleskop

S. 61, Balkengalaxie NGC 1365: European Southern Observatory

S. 61, Spiralgalaxie M 33: Max-Planck-Institut für Astronomie, Heidelberg, Sternwarte Calar Alto, 2,2 m Teleskop

S. 63, Bspl. elliptische Galaxie M 49: aus Timothy Ferris, Galaxien (Abb. Seite 125 mit frdl. Genehmigung) Birkhäuser Verlag AG, Basel

S. 64, Kleine Magellansche Wolke: European Southern Observatory

S. 65, Halleyscher Komet des Jahres 1986: European Southern Observatory

S. 69, Zentrum des Virgohaufens: Max-Planck-Institut für Astronomie, Heidelberg, Sternwarte Calar Alto, Schmidt-Spiegel

S. 75, Doppelsternhaufen im Sternbild des Perseus: Stättmayer, BAVARIA

S. 79, Plantetarischer Nebel NGC 7293: Max-Planck-Institut für Astronomie, Heidelberg, Sternwarte Calar Alto, 2,2 m Teleskop

S. 81, Krebsnebel M 1 im Sternbild des Stier: Max-Planck-Institut für Astronomie, Heidelberg, Sternwarte Calar Alto, 2,2 m Teleskop

S. 85, Supernova vom 24.2.1987 in der Großen Magellanschen Wolke: European Southern Observatory

S. 89, Optisches Bild der Radioquelle Cygnus A: aus Timothy Ferris, Galaxien (Abb. S. 136 mit frdl. Genehmigung) Birkhäuser Verlag AG, Basel

S. 92, Elliptische Galaxie NGC 5128: Hale Observatories, Mount Palomar, 5-m-Teleskop; aus W. Sullivan: Schwarze Löcher, Umschau Verlag Frankfurt

S. 94, Galaxie M 82: Max-Planck-Institut für Astronomie, Heidelberg, Sternwarte Calar Alto, 2,2 m Teleskop

S. 95, Seyfert-Galaxie NGC 1275: Kitt Peak National Observatory, C. Roger Lynds; aus W. Sullivan: Schwarze Löcher, Umschau Verlag Frankfurt

S. 104, Riesengalaxie M 87: aus Timothy Ferris, Galaxien (Abb. S. 138 unten mit frdl. Genehmigung) Birkhäuser Verlag AG, Basel

S. 109, Hoba Meteroit: Dr. Josef Fried, Max-Planck-Institut für Astronomie, Heidelberg

S. 197, Grußbotschaft der Pioneer-Raumsonden: NASA; aus J. v. Puttkamer: Der Zweite Tag der neuen Welt, Umschau Verlag Frankfurt

S. 206, Merkur, aufgenommen von Mariner 10, 1975: Okapia Frankfurt

S. 207, Meteoritenkrater in Arizona: Horizons West, aus Francis Hitching: Die letzten Rätsel unserer Welt, Umschau Verlag, Frankfurt

REGISTER

A

Algol 74
Alpha Centauri 188
Alpher, Ralph 115f, 118
Aminosäure 189, 191
Anaxagoras von Athen 13
Anaximander von Milet 13
Anaximenes 12
Andersen, Carl 124
Andromeda-Galaxie 29f, 44, 56ff, 62, 68, 74, 83, 88, 91, 103f, 153, 156
Andromedanebel s. Andromedagalaxie
Anfangssingularität s. Singularität, kosmologische
Anthropisches Prinzip 176–179, 182, 185
Antimaterie 125f
Aristarch 13
Aristoteles 14
Arizona-Krater 209
Arktur 74
Arp, Halton 102
Asteroiden s. Planetoiden
Astronomie 11
Astrophysik 8ff, 14, 98
Atkins, Peter 200
Ausdehung des Weltalls s. Weltall, Expansion
Außerirdische Besiedlung 203

B

Baade, Walter 56ff, 84, 88ff, 104, 120
Bahcall, John 102
Balkenspiralen 60
Barnards Pfeilstern 188, 199
Baschek, Bodo 36, 199f
Behr, Alfred 58
Bessel, Friedrich Wilhelm 16
Beteigeuze 74
Bethe, Hans 115
Big bang s. Urknall
Big bounce 147
Big crunch s. Endsingularität
Bindeteilchen 125
Biot 110
Bohr, Niels 115
Bondi, Hermann 119
Born, Max 57
Brahe, Tycho 80
Bruno, Giordano 15
Burbidge, Margaret 100, 102

C

Carter, Brandon 176f
Cassiopeia A 88
Centaurus A 91ff
Chandrasekhar, Subrahmanyan 77
Cheseaux, Jean-Philippe Loys de 16
Chladni, Ernst Florens Friedrich 111
Clausius, Rudolf 19
Collins, Barry 176f, 179
Curtis, Heber 29, 102
Cusanus, Nikolaus 15
Cygnus A 88ff, 99
Cygnus X-1 87

D

Darwin, Charles 204
Davies, Paul 202
Decelerationsparameter s. Verzögerungsparameter
Delta-Cepheiden 56
Demokrit von Abdera 13, 185
Dicke, Robert 116
Dirac, Paul 124
Doppelstern 74
Doppler, Christian 29
Doppler-Effekt 29, 256
Drake, Frank 192
Drake-Formel 195, 201
3 K-Strahlung 8, 114, 118f, 120, 130, 139, 162, 166, 173, 181, 212
Dryer, Johann 67

E

Eddingtron, Arthur 21, 26
Einheitliche Feldtheorie s. Feldtheorie, einheitliche
Einstein, Albert 20, 22ff, 29, 57, 112, 144f
Einstein-Friedmann-Kosmen s. Friedmann-Kosmen
Elektron 121
Elementarteilchentheorie 145
Elsässer, Hans 199, 201
Empedokles von Akragas 12f
Endsingularität 36, 144, 150, 166f
Erben, Heinrich 198, 201
Evolution
-, biologische 190
-, chemische 190
-, Zeitalter der 203
Evolutionskosmos 113
Exobiologie 185

Expansion s. Weltall, Expansionsgeschwindigkeit

F

Feldtheorie, Einheitliche 12, 135, 137f, 140, 159, 162, 179, 185
Flachheitsproblem 184f
Fleming, Williamine 83
Fluchtgeschwindigkeit 32–36, 98f, 156, 165
Fontenelle, Bernard le Bovier de 185
Franck, James 57
Friedmann, Alexander 22f, 25f, 31, 38, 112, 115, 183
Friedmann-Kosmen 24, 26, 36, 114, 145, 147, 184
Friedmann-Zeit 36f

G

Galaxien 23, 28, 53, 55, 58, 63, 93, 98, 105, 108, 121, 132, 152
-, Balkengalaxie NGC 1365 61
-, 3 C 48 102
-, elliptische 62f, 69, 103
-, explodierende 93
-, Haufenbildung 23, 67, 103
-, irreguläre 62
-, Kannibalismus 91
-, Kerne 102
-, M 1 82
-, M 31 67
-, M 51 59f, 64
-, M 81 93ff
-, M 82 87, 94
-, M 87 103f, 158
-, NGC 1275 95f
-, NGC 224 67

-, NGC 4565 59f
-, NGC 5128 91f
-, PKS 2000-330 99
-, Rotation 156
-, Spiralarme 60, 62
-, spiralförmige 42, 58, 60f, 63, 157
-, Vir A 103
-, Zentren 162
Galaxienflucht 113
Galaxienhaufen 68, 70, 121, 154
Galaxis 19, 41f, 45, 103, 106, 118, 153
-, Alter 108, 112
-, Entstehung 49, 214
-, Entwicklung 49
-, Gesamtmasse 45
-, Halo 48f, 102, 106, 158
-, Modell 42
-, Struktur 42
-, Zentrum 44
Galilei, Galileo 15, 149
Gammastrahlen 55
Gamow, George 97, 114ff, 118, 120
Gell-Mann, Murray 121f
Georgi, Howard 136
Glashow, Sheldon 136f
Gold, Thomas 119
Goldsmith, Donald 199, 201
Gravitation 70, 76, 179
Gravitationsgesetz 14, 18f, 78, 170
Gravitationsgleichung 150
Guericke, Otto von 185
Guth, Alan 184
GUTs (»Grand Unified Theories«) s. Feldtheorie, Einheitliche

H

Hadronen 126, 130
Hadronen-Ära 128
Hale, George Ellery 27, 100
Halley, Edmond 16
Hartwig, Ernst 83
Hawking, Stephen 147, 163f, 176f, 179
Heisenberg, Werner 185
Helium im Weltraum 121, 130
Heraklit aus Ephesos 12f
Herder, Johann Gottfried 16
Herman, Robert 116, 118
Herschel, Friedrich Wilhelm 56
Hesiod 12
Hewish, Antony 82
Hey, Stanley 52, 88
Hitzetod 165
Hoba-Meteorit 109
Hochenergiephysik 8
Homogenität 145, 185
Horizontproblem 181, 184f
Hoyle, Fred 58, 100, 119f, 213
Hubble, Edwin 20, 27, 29, 31, 34f, 40, 56f, 112
Hubblekonstante 32, 36, 58, 98f, 112, 114, 120, 150, 152, 165, 170
Hubblezeit 36f
Humason, Milton 34f
Humboldt, Alexander von 58
Hyaden 45

I

Impakthypothese 205
Infrarotastronomie 44
Infrarotquelle 103
Infrarotwelle 99
Intelligenzen, außerirdische 191f, 196, 199, 201
Interstellare Materie 103
Interstellarer Staub 45
Iridium-Anomalie 205

Isotrope 116
Isotropie 145
Isotropieproblem 173, 177

J

Jansky, Karl 50ff
Joyce, James 122
Jupiter, Planet 84, 111
Jupitermond 21

K

Kältetod 165
Kamo, Peter van de 188
Kant, Immanuel 16, 56, 185
Katastrophismus 210
Kausalität 144
Kepler, Johannes 15, 80, 185
Kernfusion als Energiequelle der Sterne 115
Kippenhahn, Rudolf 213
Kollisionshypothese 90
Komet 64-67, 110
-, Biela 110
-, Donatischer 66
-, Halleysche 65
Kontraktionsphase 166
Kopernikus, Nikolaus 11, 15, 149, 178
Korona 158
Kosmische Hintergrundstrahlung s. 3 K-Strahlung
Kosmische Katastrophe 96
Kosmische Strahlung 134
Kosmogonie 15f, 149
Kosmologie 7ff, 14f, 20, 24f, 118, 148f, 212, 215
Kosmologisches Prinzip 23, 119
Krebsnebel 81f

Kugelraum, Einsteinscher 21, 27
Kugelsternhaufen 28, 48, 106, 158
- M 13 48f
- Omega Centauri 48

L

Laplace, Pierre Simon de 16
Leben, außerirdisches 185, 187, 198, 202
Leibnitz, Gottfried Wilhelm 185
Lemaître, George 25f, 36, 116, 148, 183
Leptonen 123f
Leptonen-Zeitalter 130
Lichtgeschwindigkeit 170
Linde, A.D. 184
Lokale Gruppe 68, 71
Lukian 185

M

Magallansche Wolken 28, 63f, 68, 85f, 88, 158
Makrostruktur, räumliche 24
Mars, Planet 111, 187
Massenverteilung, isotrope 72
Materie 125f
-, Aufbau der 121f
-, Bausteine 122f, 126
-, dunkle 159
-, Ursprung 138
Materiekosmos 132
Megaelektronenvolt 124
Merkur, Planet 206
Mesonen 126
Messier, Charles 67, 82
Meteor 108–111
Meteoritenschauer 110f
Milchstraße 41, 45

Milchstraßensystem s. Galaxis
Miller, Stanley 189
Millikan, Robert 27, 56f
Minkowski, Rudolf 89f
Monod, Jacques 200f

N

Naturgesetze 135f
Nebelflucht 29, 31, 119
Nemesis-Hypothese 210
Neumann, Carl 18
Neutrinos, Ruhemasse 160, 172
Neutronen 121, 124, 126
Neutronensterne 79, 83f, 86f, 113, 161, 165, 212
New General Catalogue (NGC) 67
Newton, Isaac 14, 16, 18
Nördlinger Ries 208, 210
Novae 80

O

Olbers'sche Paradoxon 17f, 112
Olbers, Wilhelm 16, 18f, 205
Oortsche Kometenwolke 210
Orionnebel 46
Owen, Tobias 199, 201

P

Paarerzeugung, -vernichtung 125
Penrose, Roger 147
Penzias, Arno 116, 118, 120, 130, 132
Perikles 13
Perseus-Haufen 96
Photonen 123, 125f
Photonen-Ära 131f
Pioneer, Raumsonde 197f

Pius XII., Papst 148
Planck, Max 213
Plancksche Strahlung 118
Planetarischer Nebel 77f
– NGC 7293 79
Planeten 187
Planeten bei anderen Sternen 185, 188f, 191, 199f
Planetoiden 111, 210
Platon 14, 185
Plejaden 45
Positronen 124
Protogalaxie 106
Protonen 121, 124, 126
–, Zerfall 141
Proxima Centaur 44, 52, 73
Ptolemäus 13
Pulsare 82ff, 86f
Punktmasse 24
Pythagoras von Samos 13

Q

Quanteneffekt 145
Quantenfeldtheorie 147
Quantenmechanik 125, 145f
Quark-Ära 127
Quarks 121–124, 126, 138
Quasare 8, 96, 100ff, 107, 113, 212
–, 3 C 271 101
–, 3 C 273 105
–, 3 C 48 98
–, CH 471 99
–, S 50014+81 101
– , Häufigkeit 106

R

Radioastronomie 44, 46, 50, 52ff, 97, 116, 190

Radiogalaxien 88, 90f, 99, 102, 118
Radioquellen 91, 93, 97, 103, 155
Radioteleskope 53f, 97
Raum, hyperbolischer 25, 151
Reber, Grote 51
Regengestirn s. Hyaden 45
Relativitätstheorie 22, 101, 145
–, Allgemeine 7, 20f, 67, 118, 142, 146, 163
–, Spezielle 181
Ries-Meteorit 209
Riesengalaxien 62f, 69, 103, 158
Röntgenwellen 44, 55, 99, 155
Rosettennebel 46
Rote Riesen 73, 76
Rotverschiebung 30ff, 98f, 113, 118, 165
Ruder, Hanns 87
Rutherford, Ernest 115
Ryle, Martin 82

S

Sacharow, Andrej 140
Salam, Abdus 136f
Sandage, Allan 36, 84, 93, 97, 102
Saturn, Planet 197
Sauerstoff 121
Schmidt, Maarten 98, 100
Schrödinger, Erwin 57
Schwarze Löcher 55, 87, 103, 107, 159, 161–165, 167f, 208, 212
Schwarze Zwerge 161
Seeliger, Hugo von 18
Seyfert, Carl 95
Seyfert-Galaxien 95f, 102, 105
Shapley, Harlow 28f, 50, 102
Siebengestirn s. Plejaden
Singularität, kosmologische 38f, 119, 143f, 147, 213

Sirius 44, 77, 80
Sitter, Willem de 21f
Sokrates 12
Sonne 73f
Sonnensystem 34
–, Alter 111
Spektralanalyse 7, 158
Spiralnebel s. Galaxien, spiralförmige
Steady-State-Theorie 120, 213
Steinhard, Paul 184
Steinheimer Becken 208, 210
Sternbilder
Andromeda 56f
Bärenhüter 71
Coma 68
Einhorn 46f
Fuhrmann 99
Großer Bär 93
Herkules 48f, 196
Jungfrau 68
Orion 45
Pegasus 71
Perseus 57, 71, 74f, 110, 155
Schütze 44, 51
Schwan 80, 87f
Stier 45, 81f
Zentraurus 83
Sterndichte 44
Sternexplosion 79, 114
Sternhaufen, offene 45
Sternphysik 75, 212
Sternschnuppen 108, 110
Strahlungs-Zeitalter 131
Strahlungskosmos 132
Strings 214
Supergravitation 137, 146
Superhaufen 70ff
Supernova 79–83, 86, 88, 93, 95, 111, 161, 204f

T

Teller, Edward 115
Thales von Milet 12f, 132
Thermodynamik 145
Tunguska-Meteorit 208

U

Unsöld, Albrecht 36, 199f
Uranus 197
Uratmosphäre 189
Urblitz 127
Urgalaxie 107
Urknall 36ff, 48, 100, 106, 113, 116, 119, 127, 132, 143, 147f, 150, 168, 171ff, 177, 214
Urkosmos 114
Urnebel 16
Ursuppe 127, 129, 132, 142
Urwärme 132
Usher, Bischof 108

V

Venus, Planet 187
Verzögerungsparameter 150, 152
Vielweltenhypothese 177
Virgohaufen 68f, 71, 103, 158

W

Wärmestrahlung 116
Wasserstoff 121, 139
- im Weltall 45
Weinberg, Stephen 136f
Weiße Zwerge 73, 77f, 80, 161, 165
Weltall 11, 64
-, Alter 35, 112, 162, 172
-, Anfang 99
-, Bausteine 113
-, Dichte 24, 151, 154. 170
-, Entfernungsbestimmung 32
-, Epochen 128
-, euklidisches 152
-, Evolution 119
-, Expansion 36
-, Expansionsbewegung 150
-, Expansionsgeschwindigkeit 151, 181
-, homogenes 23, 67
-, hyperbolisches 152
-, inflationäres 179, 182, 184f, 214
-, isotropes 23, 67
-, kritische Dichte, 172
-, Masse 139
-, Radius 132
-, Recycling des 215
-, unendliches 15f
-, Ursprung 146
-, Wärmetod 19
-, Zukunft 14, 150, 162
Weltalter 24, 36, 105, 161
Weltanfang 143, 145, 147, 160
Weltende 160
Weltenei 36, 116
Weltmodelle 12, 25f
Wilson, Robert 116, 118, 120, 130, 132

X

X-Teilchen 137f, 140ff

Z

Zeldovich, Jakow 213
Zweig, George 121
Zwerggalaxien 63
Zwicky, Fritz 83f, 86

HEYNE SACHBUCH

Große Autoren und ihre Sachbuch-Klassiker

19/109 — 19/158

19/102 — 19/155 — 19/98

19/16 — 19/9 — 19/73

Wilhelm Heyne Verlag München